陕西省精品图书出版工程项目库项目

机电系统转位运动
自适应滑模控制

何祯鑫　李　良　编著

西北工业大学出版社

西　安

【内容简介】 本书以典型机电转位系统为研究控制对象,包括电机驱动的经纬仪转位系统和电液驱动的起竖系统,较为全面地阐述了机电系统转位控制系统的关键理论及滑模控制的主要方法,分析了典型机电转位控制系统的多种自适应滑模控制方法,涉及终端滑模控制、自抗扰控制、模糊控制等控制理论与方法,并介绍了具体的仿真实例,具有理论与工程相结合的显著特点。

本书可供从事兵器发射、航空航天、自动化相关领域从事系统建模、控制、分析与设计等研究与应用工作的科研人员、工程技术人员以及高等院校相关专业的教师和研究生阅读、参考。

图书在版编目(CIP)数据

机电系统转位运动自适应滑模控制 / 何祯鑫,李良编著. — 西安 :西北工业大学出版社,2022.11
ISBN 978 - 7 - 5612 - 8259 - 5

Ⅰ.①机… Ⅱ.①何… ②李… Ⅲ.①机电系统-运动控制 Ⅳ.①TP271

中国版本图书馆 CIP 数据核字(2022)第 205887 号

JIDIAN XITONG ZHUANWEI YUNDONG ZISHIYING HUAMO KONGZHI

机 电 系 统 转 位 运 动 自 适 应 滑 模 控 制

何祯鑫 李良 编著

责任编辑:胡莉巾	策划编辑:杨 军	
责任校对:朱晓娟	装帧设计:李 飞	

出版发行 西北工业大学出版社
通信地址 西安市友谊西路 127 号　　　邮编:710072
电　　话 (029)88491757,88493844
网　　址 www.nwpup.com
印 刷 者 陕西瑞升印务有限公司
开　　本 787 mm×1092 mm　　　1/16
印　　张 8.75
字　　数 230 千字
版　　次 2022 年 11 月第 1 版　　　2022 年 11 月第 1 次印刷
书　　号 ISBN 978 - 7 - 5612 - 8259 - 5
定　　价 59.00 元

前　言

　　转位运动是机械运动中最基本的运动形式之一,广泛存在于各类机电系统中。在某些特殊场合,对转位系统控制性能提出了包括转位平稳性、快速性、跟踪精度以及定位精度等明确的要求。机电设备转位系统本质上属于一类非线性、不确定性系统,传统线性控制方法难以获得理想控制效果。滑模控制具有对参数不确定性和外界干扰的完全鲁棒性,算法结构相对简单,容易实现,在解决非线性不确定系统控制问题上显示出了强大的生命力,但也存在系统抖振、依赖数学模型等问题。为此,将自适应控制与滑模控制相结合,以提高转位运动的控制效果。

　　本书主要以电子经纬仪和起竖系统典型机电系统为研究对象,以多种自适应滑模控制方法为主线,将基础理论与实际应用相结合,在介绍自适应滑模控制方法的基础上,开展了仿真实验验证工作。本书所涉及的研究成果得到自然科学基金项目(项目编号:2019JQ－491)和国防基金项目(项目编号:20170512)等的资助。

　　本书主要内容如下:第1章介绍机电转位系统的典型应用与特点,给出常见转位运动控制方法,阐述自适应滑模控制方法;第2章介绍典型机电转位控制系统数学建模过程,研究运动轨迹规划方法,为后续研究提供基础;第3章针对高阶强非线性转位系统进行降阶,简化控制器的设计,将反步法与自适应控制、滑模控制相结合,研究反步自适应滑模转位控制,为解决反步递推设计中引起的控制器"项数膨胀"问题,引入动态面控制,研究动态面自适应积滑模转位控制方法;第4章将时变积分自适应滑模控制方法应用于转位运动的跟踪控制,解决传统滑模控制中存在期望信号各阶导数必须已知、趋近运动阶段对参数不确定性和外界干扰无鲁棒性的问题;第5章针对系统快速提取目标微分信号以及实时估计系统状态量和扰动量问题,将自抗扰技术引入终端滑模控制中,研究一种自抗扰非奇异快速终端滑模控制方法,并应用于转位控制中;第6章针对滑模控制信号中的高频抖振问题,在滑模控制中引入模糊控制,利用模糊控制柔化滑模控制信号,开展基于模糊控制的转位系统自适应滑模控制。

　　本书第1、3、6章由李良撰写,第2、4、5章由何祯鑫撰写。

　　在编写本书的过程中，得到很多老师和学生的大力支持，冯永保教授、于传强教授、马长林副教授对本书撰写提出了很好的建议，王欣博士、魏小玲博士、甘滢莹博士、刘珂硕士、刘忠业硕士、李博建硕士、张全茂硕士等对本书的整理等付出了大量的时间和精力，写作本书曾参阅了相关文献、资料，在此，对给予帮助、支持者以及文献、资料的作者，一并表示由衷的感谢。

　　由于笔者水平有限，书中难免存在不妥之处，恳请广大读者批评指正。

编著者

2021 年 9 月

目　录

第1章 绪 论

1.1 机电转位系统

转位系统的作用是驱动机电平台按要求的角度进行转位、定位,并保证在各个位置上输出信号与目标信号之间的一致性。转位系统广泛应用于天文观测、武器控制、靶场测量、惯性导航、航空航天和激光通信等领域,如光电捕获、跟踪与瞄准(Acquisition Tracking and Pointing,ATP)系统、空间机械臂舱体转位对接系统以及旋转捷联惯性导航系统(Rotating Strapdown Inertial Navigation System,RSINS)等。

电子经纬仪是方位基准传递的重要设备之一,如何在现有经纬仪转位方式基础上提高转位精度、平稳性、复杂环境适应性和缩短转位时间是方位基准传递技术研究的重点。目前,电子经纬仪操作大部分仍采用手动操作方式,操作人员的人眼分辨率、操作状态和操作经验等主观因素都会直接影响转位精度和速度。从提高经纬仪转位操作的自动化程度和精度出发,在传统电子经纬仪基础上加装转位电机带动轴系,驱动望远镜旋转,完成电子经纬仪的自动转位操作。大型设备起竖系统是典型的机、电、液一体化系统,完成对象的水平状态向垂直状态的转换,通常情况下起竖过程的控制都是采用开环控制或传统 PID 控制方式的,随着起竖速度、到位精度和平稳性要求的不断提高,起竖过程控制要求也越来越高,由于起竖系统具有很强的非线性和不确定性,具有大惯量、变负载等特点,这给控制带来了挑战。

无论经纬仪转位系统还是起竖系统都属于典型的机电系统,结合方位基准传递路径和起竖运动要求,其转位系统基本的性能指标包括:①良好的稳定性;②较高的控制精度;③快速的响应速度。但由于转位系统本身存在摩擦力矩和负载力矩,具有强非线性,且有时自动转位操作处于复杂的野外环境,还会受环境变负载等不确定因素干扰,所以难以精确建模。因此,传统 PID 控制会造成转位控制性能下降,在实现自动转位操作的前提下,如何实现转位运动过程的鲁棒控制,并按预定轨迹平稳运动,从而缩短整个方位基准传递和起竖时间,提高转位运动的抗干扰能力和控制精度是研究工作的重要方向。

1.2 机电转位系统运动控制

1.2.1 线性二次型最优控制

最优控制是现代控制理论的重要组成部分,线性二次型最优控制(Linear Quadratic Regulator,LQR)是 20 世纪 60 年代发展起来的一种最优控制方法,在现代工程实践中是最基本也是被广泛使用的工具。最优控制的主要特点是：状态方程关于状态变量和控制变量均为线性，线性二次型最优控制的最优解可以写成统一的解析表达式，这样计算和工程实现都很容易。解决确定系统的线性二次型最优控制问题，可以得到最优控制，但在实际工程应用中，这种确定系统的控制精度经常受到不确定因素的影响。因此，之后很多学者开始研究随机不定线性二次型最优控制问题，并取得了很多研究成果，如连续时间、离散时间、无穷时间区间的随机不定线性二次型最优控制问题，目标函数含交叉项的随机不定线性二次型最优控制问题，等等。而在实际应用中，往往系统状态和变量等受到一定限制，后来很多学者开始研究约束随机线性二次型最优控制问题。另外还存在多种多样的非决定信息的干扰，有学者提出通过专家信度给出不确定量模拟非决定信息的干扰，并形成了不确定性理论，取得了一系列成果。

机电转位系统一般采用电机或液压来驱动，线性二次型最优控制在电机及液压控制领域都有应用。王骏骋等人针对电动车辆防抱死系统，提出了一种通过构造虚拟阻尼量和无穷小量建立黎卡提方程的改进型线性二次型最优控制算法，仿真表明不同附着系数路面下，该算法能有效提高控制精度和响应速度[1]；鲁忠沛将 PID 控制和二次型最优控制相结合，设计了线性二次型最优 PID 控制，并将其用于无刷直流电机的控制，利用仿真试验证明了方案的合理性和有效性[2]；于程隆在多自由度机械臂建模中通过模型学习减小建模偏差，并构建了基于增广矩阵的线性二次型最优控制器，实验表明机械臂系统响应快、控制性能与精度较好[3]。在电液驱动系统的控制方面，王吉照针对伸缩臂高空作业车臂架变幅振动问题，基于极点配置和线性二次型最优控制理论，设计反馈增益向量，得到的反馈值作为电磁阀输入端，以抑制臂架振动，仿真表明该算法不仅有效抑制振动，还能消除一定的稳态误差[4]；李晓林针对变转速液压泵控马达系统的恒转速控制问题，研究了基于模型参考自适应控制的线性二次型最优控制，进一步降低了负载扭矩扰动时马达转速的瞬态调整率，提高了马达转速对泵转速时变和负载扭矩突变的抗扰动性能[5]；朱琦歆针对机器人液压驱动单元的柔顺控制，采用线性二次型最优控制求取系统的状态反馈矩阵，从而有效抑制了负载力对控制性能的影响[6]。

1.2.2 鲁棒控制

鲁棒控制是指控制系统在一定(结构或大小)参数摄动下，具有维持某些系统性能的特性，其中 H_∞ 鲁棒控制方法是最为经典的鲁棒控制方法。Medrano 等人在某 $\phi 2$ m 望远镜系统中首次采用了次最优 H_∞ 控制技术，提高了系统带宽，最大跟踪误差达到 1.2″[7]。Mancini 等人将变结构控制应用到意大利国民望远镜伽利略(Telescopio Nazionale Galileo，TNG)系列望远镜中，在抗干扰方面取得了较好的效果[8]。位于美国夏威夷的麦克斯韦望远镜(James Clerk Maxwell Telescope，JCMT)系统和多反射镜(Multi Mirror Telescope，MMT)系统都采用了双模控制技术[9-10]，系统的捕获能力和响应速度大为提高。起竖转位系统是经典的电液比例控制系统，近年来鲁棒控制也在电液比例控制中得到广泛应用，例如：Büi 等人针对汽车主动悬架系统的不确定性和干扰，提出了一种 H_∞ 自适应控制策略，结果表明 H_∞ 鲁棒控制能够减小车体在举升、俯仰和滚动 3 个方向上的加速度，降低了车体的振动[11]；Cho 等人将 H_∞ 鲁棒控制用于舰艇天线液压驱动万向节系统的控制，以减小在海上航行时波浪冲击带来的影响，仿真和实验都表明效果显著[12]；Tunay 等人提出将部分反馈线性化和 H_∞ 鲁棒控制相结合的控制策略,并用于飞机液压制动系统的控制,结果表明该控制方法对液压油参数变化和元件磨损带来的变化具有一定的鲁棒性[13];金哲将 H_∞ 鲁棒控制器用于高速电液比例控制系统,取得了良好的效果[14];Lu 等人设计了一种鲁棒控制器,该控制器由伺服控制、辅助控制、鲁棒控制三部分组成,主要用于消除液压系统中参数变化、非线性和环境干扰等因素的影响[15]。

1.2.3 自适应控制

自适应控制是一种重要的非线性控制技术,能够有效解决非线性不确定系统的控制问题。经纬仪转位系统参数易受工况、环境等因素影响,表现为系统参数的时变性,虽然普通反馈控制方法一定程度上可以抑制系统参数摄动和外界干扰,但因控制器参数固定,鲁棒性较差,一旦外界干扰或是系统内部参数变化过大,系统稳定性便不再能够保证,自适应控制提供了一种有效的解决系统参数时变的方案。位于西班牙加纳利群岛的威廉赫歇耳望远镜采用了模型参考自适应控制技术,有效地补偿了摩擦力矩的非线性影响和被控对象的参数变化,使跟踪精度明显提高,约为 0.16"[16]。此外,位于中国国家天文台兴隆观测站的大天区面积多目标光纤光谱天文望远镜(Large sky Area Multi Object fibre Spectroscopy Telescope,LAMOST)也同样采用了模型参考自适应控制技术来提高望远镜跟踪性能[17]。

液压起竖系统的参数也容易受到工作状况、环境温度的影响,也就是说系统参数是不确定的,而自适应控制能够根据系统的输入、输出数据不断辨识系统参数,实现参数的自动调节,保持良好的控制效果,因此,自适应控制在电液比例系统的控制中得到了广泛应用。例如,Alleyne 等人为了补偿模型误差,提出了一种非线性自适应控制方法,即用 Lyapunov 分析方法得到了参数的自适应律,将该控制方法用于主动悬架的控制,取得了良好的效果[18];Yao 等人针对非对称液压缸的控制问题,提出了一种自适应控制方法,该方法不仅考虑了内部惯性负载和参数变化的影响,还考虑了如摩擦力和外界干扰等非线性因素的影响,实验表明,该方法的跟踪误差较小[19];Garagic 等人提出了一种基于反馈线性化理论的自适应控制方法,并用于液压伺服机械装置的速度控制,仿真和实验表明在有干扰的情况下,该控制器仍能实现较高精度的跟踪控制[20]。自适应控制方法对被控对象模型的阶次有严格要求,所以为了提高控制器的鲁棒性,自适应控制常和其他控制方法相结合,如神经网络自适应控制方法、鲁棒自适应控制方法、滑模自适应控制方法等,这些控制方法都在电液比例控制中取得了较好的控制效果。由此可知,将自适应控制方法和其他控制方法相结合使用将是未来重要的发展方向。

1.2.4 预测控制

预测控制理论是在 1979 年美国化学工程学会(AIChE)年会上被正式提出的,到 20 世纪 90 年代,由 Culter 与 Ramaker 提出的动态矩阵控制,随着工业快速发展,在石油化工、金属冶炼、机械制造、航空航天和电力等工业控制中得到成功应用,也产生了多种控制方法,例如模型预测控制、动态矩阵控制、广义预测控制等,并研发了多种预测控制软件,例如 Adersa 公司的

OPFC 与 IDCOM 软件、AspenTech 公司的 DMCplus 软件、Honeywell 公司的 RMPCT 软件等。预测控制的主要核心为获取系统过去采样参数来预测其未来时刻状态,并在线优化计算,不断进行信息反馈校正,针对非线性问题有很好的控制效果。

进入 21 世纪后,微处理器制作技术的不断发展和运算能力的不断增强,极大促进了预测控制在电机控制、液压控制等领域的应用。在电机控制方面,2007 年国际权威杂志 IEEE《工业电子技术》等发表了多篇关于永磁同步电机、异步电机等基于模型预测控制的文章,Chai 等人设计的模型预测控制来提高抗电流传感器偏差周期性扰动能力[21],张永昌等人提出了快速矢量选择和无模型预测控制算法[22],Yokoyama 等人提出的基于模型预测的快速电流及转矩控制,提高了电机控制的快速性[23],Cortes 等人提出了一种基于离散时间模型的 MPC 单步预测算法[24],Geyer 等人针对转矩利用模型预测和数学差值法实现了多步预测[25]。在电液控制方面:Zad 等人设计了一种鲁棒模型预测控制器,用于克服电液位置系统中的非线性、未知干扰、死区等因素的影响[26];Yuan 等人提出一种比例积分与模型预测混合控制算法,提高了电液位置伺服系统的控制精度[27];熊志林等人针对泵控非对称缸建立了含输入、输出约束的状态空间模型,提高了控制性能[28];郑德忠等人设计了系统输出偏差预测模型,并与广义预测控制相结合,用于克服轧机电液伺服系统的非线性问题和干扰问题,提高了系统的控制精度[29]。

1.2.5 智能 PID 控制

PID 控制是一种经典的反馈控制方法,在目前的工业控制中被广泛使用,也是机电转位控制系统的经典方法,但 PID 控制存在参数整定困难、自适应性和鲁棒性差等问题,一旦控制参数设定,控制器就不能根据系统自身或外界变化而自动调整参数,影响控制效果。因此,将 PID 控制与智能控制构成自适应 PID 控制,可有效消除各种系统扰动。对于经纬仪控制,赵呈宝等人[30]利用模糊规则优化 PID 控制器参数,取得了较为理想的寻北仪转位控制效果;王昆明等人[31]将神经网络引入 PID 控制中,在抑制因望远镜转动引起转动惯量不确定方面取得了较好的效果,经纬仪转位平均误差约为 11″;美国的斯隆数字巡天计划(Sloan Digital Sky Survey,SDSS)望远镜采用了高增益 PID 控制,有效克服了摩擦力矩影响,瞄准精度达到 2″,跟踪精度约为 0.165″[32]。

在电液比例控制中,很多学者将 PID 控制器和其他控制器(如智能控制器、自适应控制器)相结合,得到了很多改进 PID 的控制方法。例如:Rahmat 和 Zheng 等人在对 PID 控制器参数特性分析的基础上,利用模糊技术对 PID 控制器的参数进行模糊化,使其能根据系统特性自动改变控制器参数,并用于液压系统控制,取得了较好的效果[33-34];Liu 等人提出了一种自适应 PID 控制器用于工业液压缸活塞杆的位置控制,设计的自适应律能够保证实时得到最优的 PID 控制器参数,实验结果表明,其能够达到所要求的时频响应特性[35];Dahunsi 等人将神经网络控制和 PID 控制相结合,提出了一种神经网络 PID 控制方法,并用于车辆的悬架系统控制,取得了良好的效果[36];曹树平等人介绍了一种非线性迭代学习 PID 控制方法,对 PID 控制器的参数有一定的在线调节能力,用于电液位置伺服系统的控制,并提高了控制精度[37]。

1.3 滑模变结构控制

1.3.1 滑模控制概述

滑模控制(Sliding Mode Control,SMC)是滑模变结构控制的简称,它本质上是一类控制不连续的非线性控制,主要特点是系统的"结构"并不固定,而是在动态变化过程中,通过对控制量进行切换,使系统按照预定的轨迹作小幅、高频的上下运动,即所谓的"滑动模态"或"滑模"运动,且在滑动模态时对参数摄动和干扰具有时不变性。滑动模态可以进行设计且与参数及扰动无关,这就使得滑模控制具有算法简单、容易实现、快速响应、对参数变化及扰动不灵敏、对未建模动态和外部干扰有一定的鲁棒性等优点,非常适合于非线性不确定系统的控制,从而受到各国学者的高度重视。下面简单介绍滑模控制的基本原理。

考虑如下非线性系统:

$$\dot{x} = f(x, u, t) \tag{1.1}$$

式中:$x \in \mathbf{R}^n$;$u \in \mathbf{R}^m$;$t \in \mathbf{R}$。

在状态空间中存在一个切换面 $s(x) = s(x_1, x_2, \cdots, x_n, t) = 0$,如果这个切换面存在某一区域,当运动点趋于该区域时,就会被"吸引"而在该区域内运动,这个区域就称为"滑动模态区",简称"滑模区",系统在滑模区域内的运动叫作"滑模运动"。要实现滑模运动,则运动到该区域的运动点都必须是终止点,也就是当运动点到达切换面 $s(x) = 0$ 附近时,必需满足

$$\lim_{s \to 0^+} \dot{s} \leqslant 0 \ \text{及} \ \lim_{s \to 0^-} \dot{s} \geqslant 0 \ \text{或者} \lim_{s \to 0} s\dot{s} \leqslant 0 \tag{1.2}$$

式(1.2)即为滑模的局部到达条件,因为 x 可以取任意值,所以全局到达条件为 $\dot{s}s \leqslant 0$,此不等式通常表示为一个李雅普诺夫形式的到达条件,即满足

$$\left. \begin{array}{l} V(x) = \dfrac{1}{2}s^2 \\[2mm] \dot{V}(x) \leqslant 0 \end{array} \right\} \tag{1.3}$$

由于在切换面邻域内 V 是正定的,导数 $\dot{V}$ 是负半定的,也就是说在 $s = 0$ 附近 V 是一个非增函数,则式(1.3)是一个条件李雅普诺夫函数,系统本身也就稳定于 $s = 0$[64]。

由此可见,要实现滑模控制,对于非线性系统[式(1.1)]来说,需要确定切换函数 $s(x)$,求解控制函数

$$u = \begin{cases} u^+(x), & s(x) > 0 \\ u^-(x), & s(x) < 0 \end{cases} \tag{1.4}$$

式中,$u^+(x) \neq u^-(x)$,使得非线性系统式(1.1)满足:

(1)滑动模态存在,即满足式(1.4);

(2)可达性条件;

(3)保证滑模运动的稳定性。

1.3.2 滑模控制现状及发展趋势

滑模控制从 20 世纪 50 年代出现至今,经过了数十年的发展,已经成为自动控制系统中一个相对独立的分支,且研究对象也从开始的单输入单输出线性系统发展到多输入多输出非线性系统、离散系统、不确定系统、时滞系统和分布参数系统等众多复杂系统,但滑模控制本质上的非线性开关特性会造成控制信号的高频抖振,这成为滑模控制推广应用的主要障碍,因此,很多学者不断将其他的控制方法引入滑模控制中,出现了趋近律滑模、准滑动模态滑模、自适应滑模、反步滑模、全局鲁棒滑模、积分滑模、终端滑模、智能滑模等多种滑模控制方法。

(1)趋近律滑模控制。在滑模变结构控制的研究中,滑模运动过程包括趋近运动和滑模运动,为了改善趋近运动的动态品质,我国学者高为炳院士首先提出了趋近律的概念,并设计了几种典型的趋近律,包括等速趋近律、指数趋近律、幂次趋近律和一般趋近律,其中最常用的是指数趋近律 $\dot{s}=-ks-\varepsilon \mathrm{sgn}(s)$,$k>0$,$\varepsilon>0$,通过调整参数 k、ε 就可以改善滑模到达过程的动态品质,同时也可以减小控制信号的抖振。参数 ε 太大也会引起系统抖振,因此 Zhai 等人和 Jiang 等人分别通过加入自适应律和对 ε 的模糊化实现了参数 ε 的自动调整,从而减小了抖振[38-39];孙明轩等人提出了一种新型的离散趋近律,将不确定干扰的抑制嵌入切换动态中,并进一步设计了离散滑模控制器,最后通过永磁同步电机跟踪实验证明了算法的有效性[40];Wang 等人针对永磁同步电机的外界负载干扰和参数不确定性,提出了一种新型指数趋近律,仿真结果表明,电机的动态特性得到了改善[41]。

(2)准滑动模态滑模控制。滑模控制器的抖振主要来自切换项中的符号函数,因此,有学者提出了准滑模和边界层的概念,用饱和函数或其他函数代替切换控制中的符号函数,从而有效减小系统抖振。例如,边界层的厚度会影响控制器的抖振程度,Erbatur 等人引入模糊控制对边界层模糊化,实现了边界层厚度的自动调整,有效减小了抖振[42];Chen 等人针对离散不确定输入输出系统设计了一种自适应准滑模控制方法,该控制器对外界扰动具有一定的鲁棒性[43];Chen 等人则根据系统的状态范数设计了边界层厚度的自适应调整算法,通过对不确定线性系统的跟踪控制,证明该控制器在保证控制精度的同时减小了抖振[44];Kachroo 等人通过设计的低通滤波器对在边界层内的切换函数进行平滑,大大减小了系统抖振[45];王长旭等人利用卡尔曼滤波算法对滑模控制量进行滤波,有效抑制了由伺服控制系统的随机干扰和噪声引起的系统抖振[46]。

(3)自适应滑模控制。自适应滑模控制结合了滑模控制和自适应控制的优点,利用自适应律获取系统不确定性信息,适合于参数具有不确定性或时变性,且参数变化的界未知的非线性系统控制。目前自适应滑模控制已在多个领域得到应用,如汽车主动悬架系统控制、集装箱起重机控制、高超声速飞机飞行控制、机器人机械手控制等等。Xia 等人针对具有时延特性的不确定离散时间系统设计了一种鲁棒自适应滑模控制器,控制器消除了不确定性和外界干扰的影响[47];Fei 等人针对微机械(MEMS)陀螺的不确定性和干扰提出了一种带有比例积分滑模面的自适应滑模控制器,自适应律可以实现角速度、阻尼系数、弹性系数的在线估计,数值仿真表明该控制器提高了系统的控制精度[48];Daoras 等人和 Xiang 等人还针对一类混沌系统提出自适应滑模控制方法,仿真结果也表明了控制器的有效性[49-50]。Mirkin 等人[51]针对一类非线性不确定动态系统,基于名义模型设计了控制量最优化自校正滑模控制器;Heertjes 等人[52]利用自校正机构自适应设计增益系数和饱和函数厚度,将经过参数优化的积分滑模控制器应用到工业薄片扫描光刻系统中。

(4)反步滑模控制。反步滑模控制主要是针对匹配或非匹配参数不确定的非线性系统进行递推设计,通常与李雅普诺夫理论结合使用,此方法简单实用,在非线性系统控制中展现了巨大生命力。近年来,反步滑模控制也迅速地推向滑模控制领域,并产生了很多实际应用。Smaoui 等人将反步滑模控制用于电动气动系统控制,实验结果表明该控制器有良好的控制效果[53];Lu 等人研究了叶状风力发电机 X-Y 风力摇床运动系统的反步滑模控制,结果表明,和 PID 控制相比精度明显提高[54];Harb 针对永磁同步电机表现出的混沌特性,研究了反步滑模的控制效果[55]。为了进一步提高对系统干扰的鲁棒性,一些文献还提出了反步自适应滑模控制,例如:孙勇等人针对飞机大机动飞行存在不确定性的问题,设计了一种反步自适应滑模控制器,该控制器通过递推得到自适应滑模控制律,并用混沌粒子群算法对控制器参数进行了优化[56];李俊等人针对一般形式的仿射非匹配不确定非线性系统,设计了一种多级滑模反步滑模控制器[57];Jiang 等人针对航天器存在未知干扰和激励错误的问题,提出了一种自适应反步滑模容错控制方法,提高了航天器运行的可靠性[58]。

(5)全局鲁棒滑模控制。根据滑模控制理论可知,滑模控制只有在到达滑模面后才具有鲁棒性,在到达阶段容易受到参数摄动和外界的干扰,所以有学者提出了全局滑模控制,使滑模控制在整个控制过程中都具有鲁棒性。全局滑模控制实际上是在滑模面方程中增加一非线性函数,并通过设计使初始状态就在滑模面上,从而使控制具备全局鲁棒性。Liu 等人针对混沌系统设计了全局滑模控制器,使系统轨迹一开始就在滑模面上,克服了传统滑模中到达阶段不具备鲁棒性的缺点,控制结果表明系统的鲁棒性和稳定性都得到了增加[59];Zhao 等人针对多感应电机的速度同步控制问题,设计了一种全局滑模控制器,并进行了李雅普诺夫稳定性分析,结果证明了该控制器的有效性[60];米阳等人研究了全局鲁棒滑模控制在线性多变量离散系统中的应用,他们设计了动态滑模面,使系统的整个响应过程都具有鲁棒性[61]。

(6)积分滑模控制。当系统存在一定的外部扰动时,滑模控制常存在稳态误差,所以为了提高控制器性能,有学者在滑模控制的基础上加入积分项,提出了积分滑模变结构控制,并成功将其应用于航天器姿态的机动调整、全方位移动机器人控制、电液伺服系统位置控制、汽车主动悬架系统控制等。此外,金鸿章等人还提出了一种改进积分自适应滑模变结构控制器,并将其应用于近水面机器人减摇鳍系统控制,仿真结果表明该控制器有良好的控制性能[62];Choi 等人针对非匹配不确定性系统,提出了一种用线性矩阵不等式(Linear Matrix Inequality, LMI)来设计滑模面的积分滑模控制方法,仿真结果证明了该控制器的有效性[63];Wang 等人提出了一种新的积分滑模控制方法,该方法成功消除了传统积分滑模中系统模型必须是可控标准型的假设,并且也适用于非最小相位系统[64]。

(7)终端滑模控制。传统线性滑模控制,系统状态与目标轨迹之间误差渐近收敛。近年来,为了改善系统收敛特性,使系统状态与目标轨迹误差在有限时间内收敛,Zak 在 1988 年通过在滑模面函数中有目的地引入非线性项,提出终端滑模控制(Terminal Sliding Mode Control,TSMC)[65]。终端滑模具有强鲁棒性、有限时间收敛、动态响应速度快、稳态精度高等特点,适合电机和机器人等高精密控制场合。为进一步优化普通终端滑模收敛时间,Yu 等人提出了快速终端滑模控制(Fast Terminal Sliding Mode Control,FTSMC)[66]。为了解决普通 TSMC 的奇异问题,Madhavan 等人提出了让系统轨迹运动到一个指定的非奇异区域[67],但此方法属于间接解决办法。Feng 等人提出了非奇异终端滑模控制(Nonsingular Terminal Sliding Mode,NTSM)法[68],通过设计不同类型的滑模面,相继提出了各种终端滑模控制方法,包括复合滑模面非奇异终端滑模控制、高阶终端滑模控制、非奇异快速终端滑模控制以及反步终端滑模及智能终端滑模等。

(8)智能滑模控制。智能滑模控制的主要方法有模糊滑模控制和神经网络滑模控制,由于模糊系统和神经网络都具有很强的自学习能力,并且对非线性函数具有万能逼近特性,所以将模糊系统和神经网络引入滑模控制可以降低抖振、实现自适应滑模控制。

1)模糊滑模控制。对于模糊滑模控制的研究可总结为两种:①设计模糊规则实现模糊滑模控制,例如杨勇等人以切换函数及导数作为模糊调节器的输入,边界层厚度作为输出,从而降低系统的抖振[69],而解旭辉等人则是设计了一种模糊逻辑规则,输入为切换函数及变化量,通过模糊推理直接得到滑模控制量,用于超精密机床的伺服跟踪控制后取得了较好的效果[70];②利用模糊系统去逼近模型信息或干扰,实现无需模型信息的自适应模糊滑模控制,例如用模糊系统来逼近滑模控制中的等效控制,Yoo 等人则用模糊系统来逼近未知函数,并设计了自适应模糊滑模控制器控制非线性系统[71],张金萍等人针对挖掘机工作中的非线性和不确定性,设计了自适应模糊滑模控制,控制规则包括等效控制、调整控制和切换控制,利用自适应模糊系统输出动态调节切换增益,将切换项转化为连续的模糊输出,有效降低了系统抖振[72],孟珺遐等人用模糊系统逼近等效控制的同时,还加入了遗传算法优化隶属函数和控制规则,进一步提高了控制精度[73]。

2)神经网络滑模控制。Li 等人利用神经网络的万能逼近特性对系统不确定部分进行逼近,并设计了神经网络离散滑模控制器用于内燃机的速度控制[74];张枭娜等人设计了一种基于 RBF 神经网络的鲁棒滑模观测器,系统不确定性的上界值用 RBF 神经网络进行自适应学习,提高了滑模控制的鲁棒性[75];Huang 等人设计了一种神经网络滑模控制器,用切换函数作为网络输入,控制器中没有切换项,从而消除了抖振[76];Lin 设计了模糊神经网络滑模控制器,利用模糊神经网络实现非线性不确定部分的在线估计[77];Niu 等人研究了神经网络自适应滑模在一类非线性不确定时滞系统中的应用,消除了传统滑模非线性不确定性的界必须已知的假设[78]。

结合滑模控制的研究现状,滑模控制未来的发展方向主要有:①滑模控制的抖振削弱仍是主要的研究方面;②对于复杂系统,一种方法很难达到要求,所以如何将各种方法相互结合、相互补充以实现最优控制将是研究的重点;③新的控制方法在滑模控制中的应用;④大部分的控制方法仍是停留在理论阶段,如何实现实际的应用也是努力的重点。

1.3.3 自适应滑模控制在机电系统中的应用

自适应滑模控制是近年来滑模控制中研究最活跃的一个分支,在反步滑模、全局滑模、终端滑模、积分滑模、模糊滑模和神经网络滑模等控制方法中加入自适应滑模控制,可以大大提高算法的适应性和鲁棒性,形成各种自适应滑模控制算法。机电转位系统是典型的非线性、时变性系统,系统易受参数变化、环境干扰等因素的影响。因此,目前自适应滑模控制在电机或液压驱动系统中的研究也越来越广泛。

在电机驱动控制系统中,朱瑛等人采用滑模变结构算法代替原来模型参考自适应控制中的比例积分项,设计了改进型速度滑模控制器,实现了双功率流风力发电系统的高精度变速控制[79];李元春等人针对系统未建模动态和外界干扰,设计了一种二阶自适应反步滑模控制[80];Song 等人针对一类非匹配非线性不确定性机械系统,结合反步设计、模糊追踪算法和滑模控制设计了一种有限时间收敛的自适应反步滑模控制器[81];李华青等人设计了自适应滑模控制器,用 RBF 神经网络取代切换控制项,补偿参数不确定性和外界干扰[82];Nagarale 等人针对非线性奇异摄动系统,利用模糊逼近原理实现了滑模切换增益的自适应调整[83];邹权等人设计了链传动机械伺服系统自适应模糊滑模控制器,采用自适应控制策略估计时变系统参数,利用模糊逻辑系统代替常规滑模控制器中的不连续项[84];胡强晖等人研究了全局鲁棒自适应滑模控制在永磁同步电机位置伺服中的应用,使系统从开始响应就对干扰不敏感[85];Sun 等人利用 NN 估计机器人链接杆的速度,并设计了 NN 滑模自适应控制器用于机器人操纵器的位置跟踪控制[86];宋佐时等人针对单输入单输出(SISO)非线性系统设计了一种神经网络自适应滑模控制器,利用 NN 补偿实际系统与标称系统间的误差,保证了系统渐近稳定性[87];郭鸿浩等人提出了基于参数偏差的滑模观测器方法,实时估计电机的反电动势,采用自适应控制方法在线辨识电子电阻,并用以补偿滑模观测器观测误差[88];朱俊杰等人采用滑模变结构状态重构无刷直流电机的反电动势,设计了分段式滑模变结构,有效抑制了系统抖振[89]。通常采用相位补偿和低通滤波方法平滑无刷直流电机反电动势滑模观测器输出,但会引起估计值的相位滞后问题,史婷娜等人设计了新型自适应滑模观测器,实现了无刷直流电机线反电动势观测,能够有效消除参数偏差对观测器的影响[90];史婷娜等人进一步对滑模观测器进行改进,引入了双曲正切函数,有效减小了系统抖振,避免了相位滞后[91]。

在液压驱动控制系统中,Sha 等人设计了液压电梯的自适应滑模速度跟踪控制系统,控制器对模型不确定性、未知干扰都具有一定的鲁棒性[92];Bonchis 等人和 Rahmat 等人针对液压系统中的非线性摩擦和内部泄漏问题,设计了自适应滑模控制器[93,94];Ghazali 等人设计了一种带有比例积分微分滑模面的自适应滑模控制器,并将其用于电液伺服位置系统的跟踪控制,取得了较好的效果[95];Liu 等人则设计了一种自适应滑模控制器用于带有弹性负载的液压伺服系统位置控制[96];管成等人针对含有非线性不确定参数的电液系统设计了自适应滑模控制器,该控制器定义一个新型的特殊 Lyapunov 函数,并推导得到了参数自适应律[97]。Li 等人、方一鸣等人和吴忠强等人研究了基于反步法的自适应滑模控制在电液伺服系统中的应用,控制器克服系统非线性和参数不确定性的影响,提高了控制的鲁棒性[98-100];余愿等人、Chiang 和刘云峰等人研究了模糊自适应滑模控制器在电液系统中的应用,利用模糊系统的逼近特性有效降低了系统的抖振,提高了系统的动态性能[101-103];陈刚等人针对电液系统的强非线性和非匹配不确定性,通过引入神经网络和带饱和层的多滑模面,设计了一种多模神经网络控制器,仿真结果证明了该控制器的有效性[104];管成等人研究了一类非线性系统积分与微分的自适应滑模控制方法,并实现了电液伺服系统的精确跟踪控制[105-106];童朝南等人针对液压活套多变量系统,设计了一种多变量积分自适应滑模解耦控制策略,减小了耦合的影响,获得了较好的控制效果[107]。

第2章　典型机电转位控制系统数学建模与运动轨迹规划

2.1　引　言

建立系统数学模型是进行控制系统分析的基础,数学模型的优劣直接影响系统控制性能。本章将简要介绍典型机电转位系统,包括经纬仪转位系统、起竖系统的组成和工作流程,分别建立转位控制系统的数学模型,分析不确定因素对系统控制性能的影响;为了获得时间更优、速度更平稳、冲击更小的转位过程,研究转位运动轨迹规划。

2.2　经纬仪转位控制系统数学建模

2.2.1　组成及原理

经纬仪转位伺服控制系统是实现方位基准传递的执行机构,将运动轨迹规划的信号设定为转位系统的输入指令,控制转位伺服电机运行,带动经纬仪轴旋转,驱动经纬仪自动、快速、平稳、精确地转到指定位置。转位系统主要由经纬仪旋转轴系、转位伺服电机、状态测试系统、信号处理系统以及转位控制器等组成。经纬仪转位系统结构如图2.1所示。

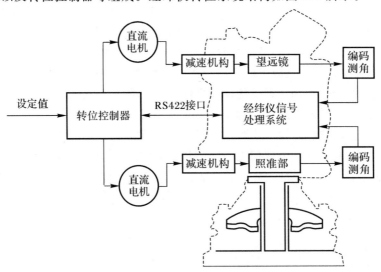

图 2.1　经纬仪转位系统结构图

（1）经纬仪具有较高的电流及速度测量精度、友好的人机交互，并能提供数据的测量、传输、通信和显示。

（2）转位控制器是基于 ARM(Advanced Risc Machine)芯片设计的。其功能是根据接收到的运动轨迹规划指令，驱动控制转位伺服电机运动，并将转位控制性能指标反馈给经纬仪；实时采集的转位角度、角速度信号，输入给控制器完成控制算法的解算，实现转位系统的闭环控制。

（3）采用的伺服电机具有较高的转速，而转位机械机构速度较慢，因此有必要设计机械减速机构完成电机与转位机械机构之间的速度转换。减速装置有效避免了空回现象，实现了经纬仪水平轴和俯仰轴的自动、快速、精度回转与定位。

经纬仪转位系统工作流程如下：

（1）状态准备。调平是将经纬仪竖轴与铅垂线平行，而对中是将经纬仪竖轴经过目标点中心，严格地调平对中是经纬仪测量前重要准备工作，调平对中误差影响测角精度。此处经纬仪具有自动调平对中功能，利用倾角传感器敏感仪器不水平度和倾斜方向，电机驱动经纬仪支撑盘实现自动调平；利用面阵 CCD 测量对中误差，利用设计的二维对中装置实现自动对中。

（2）跟踪目标值。在经纬仪控制器中预设转位运动轨迹规划算法，通过键盘输入转位指令，获得转位目标角度、角速度等信号，这些信号同时在经纬仪控制器中转换为一定的格式，经过 RS422 通信接口发送给转位控制器。

（3）转位驱动。根据轨迹规划的目标跟踪信号和实时测量的系统状态量，转位控制器通过算法解算输出控制量，驱动转位伺服电机运行，经过减速装置完成照准部和望远镜转位，同时转位状态值在 PC 中显示、输出。

2.2.2　经纬仪转位系统动力学建模

根据经纬仪测量过程中的实际工况，其转位系统建模主要包括负载力矩建模、摩擦力矩建模和转位电机控制系统动力学建模三部分。

2.2.2.1　负载力矩模型

经纬仪转位系统结构图如图 2.2 所示，其主要由望远镜、照准部、横轴、竖轴、无刷直流电机及减速装置等组成，控制器输出的信号控制电机的转速大小和方向，从而控制齿轮的转动，带动轴系完成俯仰和方位运动。电机负载转矩 T_L 是关于望远镜角度 θ 的函数，望远镜结构复杂，其形状也并非简单对称空间立体，需要做简化处理。本系统中的经纬仪望远镜质心处于横轴上，因此可将望远镜看成横轴对称的物体，其中望远镜线密度为 ρ，长为 l。令望远镜绕横轴的旋转角速度为 ω_h，照准部分解于竖轴方向的角速度为 ω_i。

负载转矩 T_L 主要包括望远镜对竖轴的 Coriolis 惯性力矩和照准部负载力矩两部分：

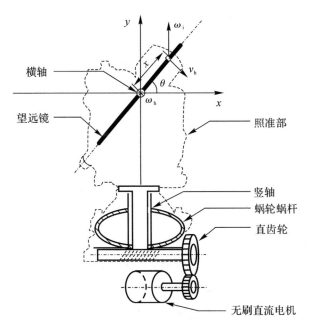

图 2.2　经纬仪转位系统结构图

取经纬仪望远镜任一质点为 $\mathrm{d}x$，由 Coriolis 加速度惯性力的定义，则有

$$\mathrm{d}F_k = a_k\mathrm{d}m = 2x\omega_i\omega_h\sin\theta\rho\mathrm{d}x \tag{2.1}$$

质点对经纬仪竖轴的 Coriolis 惯性力矩为

$$\mathrm{d}M_{ky} = \mathrm{d}F_k x\cos\theta \tag{2.2}$$

则经纬仪望远镜对其竖轴 Coriolis 惯性力矩为

$$M_{ky} = M(\theta) = \int_{-l/2}^{l/2}\mathrm{d}M_{ky} = \frac{l}{12}\rho\omega_i\omega_h\sin2\theta$$

$$= \frac{l}{12}m_t\omega_i\omega_h\sin2\theta \tag{2.3}$$

式中：m_t 为经纬仪望远镜质量。

望远镜对竖轴的 Coriolis 惯性力矩方向为负 y 轴，与 ω_i 反向，说明其阻碍照准部运动。

同理，可推导望远镜角度 θ 与整体转动惯量的关系。取质点 $\mathrm{d}x$，则 y 轴的转动惯量为

$$\mathrm{d}J_y = (x\cos\theta)^2\rho\mathrm{d}x \tag{2.4}$$

望远镜总转动惯量为

$$J_y = J_y(\theta) = \int_{-l/2}^{l/2}\mathrm{d}J_y = \frac{l^2}{12}m_t\cos\theta^2 \tag{2.5}$$

根据式(2.5)，折算到电机轴上的转动惯量为

$$J = \frac{J_0 + J_y(\theta)}{j^2} + J_m \tag{2.6}$$

式中：J_0 为除望远镜以外的照准部转动惯量；j 为减速比；J_m 为电机的转子惯量。

因此，转位电机的负载力矩 T_L 表示为

$$T_L = M_{ky} + J\theta''j \tag{2.7}$$

2.2.2.2　摩擦力矩模型

经纬仪转位系统中的摩擦力矩会使转位出现系统抖动、稳态误差、黏滞运动，甚至产生极限环，降低系统的控制精度，影响经纬仪对目标精确定位。因此在转位控制系统中，需要对摩擦形式进行分析并有效补偿。

摩擦模型有库仑摩擦模型、Stribeck 模型、复位-积分模型、Dahl 模型、Lugre 模型等。但建立摩擦力矩模型时，需要根据经纬仪转位系统中摩擦的具体情况进行合理的模型选择。下述分别介绍 Stribeck 模型和 Lugre 模型。

（1）Stribeck 模型。Stribeck 模型是以库仑模型为基础的静态摩擦模型，考虑静摩擦、Stribeck 作用和黏滞摩擦 3 种因素。其中，Stribeck 作用是指在低速情况下随运动速度增大摩擦力下降的情况，如图 2.3 所示。

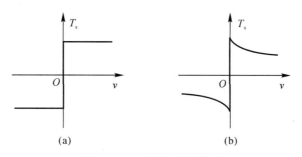

图 2.3　两种静态摩擦模型

(a)库仑模型；(b)Stribeck 模型

Stribeck 模型常用的特性曲线方程为

$$T_s(v) = f_c + (f_s - f_c) e^{-|v/v_s|^2} + f_v v \tag{2.8}$$

式中：v 为物体相对运动速度；f_s 为最大静摩擦力；f_c 为库仑摩擦力；v_s 为边界润滑摩擦临界角速度（即 Stribeck 速度）；f_v 为黏滞摩擦因数。

（2）Lugre 模型。Lugre 模型是以 Dahl 模型为基础假设的，采用两接触面间弹性刚毛的平均变形大小来表征摩擦力的动态特性。模型假设两个接触刚体中间以弹性刚毛形式传递作用力，当存在切向力时，刚毛犹如弹簧变形会产生摩擦力。如果刚毛的变形达到一定阈值，便开始滑动，稳态运动过程刚毛平均变形大小由运动速度决定。在低速时刚毛变形量较小，表明变形在稳态时会随运动速度增加而增大。

转位运动中的 Lugre 模型的特性曲线方程为

$$\left. \begin{aligned} \frac{\mathrm{d}z}{\mathrm{d}t} &= v - \frac{|v|}{g(v)} z \\ g(v) &= [f_c + (f_s - f_c) e^{-|v/v_s|^2}] / \sigma_0 \\ T_f &= \sigma_0 z + \sigma_1 \frac{\mathrm{d}z}{\mathrm{d}t} + \sigma_2 v \end{aligned} \right\} \tag{2.9}$$

式中：T_f 为非线性摩擦力矩；z 表示刚毛平均变形量，属于不可测的内部摩擦状态，v 为相对运动速度；f_c 为库仑摩擦力；f_s 为静摩擦力，v_s 为 Stribeck 速度；σ_0 为刚度系数；σ_1 为黏性阻尼系数；σ_2 为黏性摩擦因数。一般而言，$0 < f_c \leqslant f_s$，且 $f_c \leqslant g(v) \leqslant f_s$。

经纬仪转位系统的摩擦接触面并非唯一，除轴与轴承外，还有编码器的码盘与轴之间的摩擦。然而,很多的复杂摩擦模型主要是针对存在单一摩擦接触面的情况建模,在经纬仪转位系统里再使用这些模型并不合理。Lugre 模型能较好地反映实际摩擦情况,缺点是模型中涉及的参数较多,如果不能精确地进行模型参数辨识,会降低摩擦动态特性,影响整个模型的精确性。Stribeck 效应在转位伺服系统中是存在的。摩擦模型中的静态模型已经可以近似整个摩擦特性的 90％左右,因此,为了方便处理,转位伺服系统摩擦力矩的建模常常利用 Stribeck 摩擦模型。

2.2.2.3 转位电机控制系统动力学模型

经纬仪转位系统采用三相无刷直流电机进行驱动,其控制系统的数学模型主要由电机电压方程、电机转矩方程和电机运动方程组成,其推导如下:

(1)电机电压平衡方程。在稳态分析和传递函数推导过程中,忽略换向过程二极管续流对电气量的影响。其中,A,B 相绕组导通,电机电压平衡方程为

$$u_{AB} = 2Ri + 2(L-M)\frac{\mathrm{d}i}{\mathrm{d}t} + (e_A - e_B) \tag{2.10}$$

式中:u_{AB} 为 AB 相电压;R,L,M 分别为绕组电阻、自感和互感;i 为相电流。

不考虑电机换向暂态,当 A、B 相稳态导通时,$e_A = -e_B$。

进一步可将式(2.10)表示为

$$u_{AB} = U_d = 2Ri + 2(L-M)\frac{\mathrm{d}i}{\mathrm{d}t} + 2e_A =$$

$$r_a i + L_a \frac{\mathrm{d}i}{\mathrm{d}t} + k_e \Omega \tag{2.11}$$

式中:U_d 为控制输出电压,即直流母线电压;r_a 为绕组线电阻;k_e 为线反电势系数;L_a 为绕组等效线电感;Ω 为电机机械角速度。

(2)电机运行转矩方程。电机运行是将电磁功率转化为转子动能的过程,即

$$P_e = e_A i_A + e_B i_B + e_C i_C = T_e \Omega \tag{2.12}$$

式中:T_e 为电磁转矩。

将各相反电动势代入式(2.12),可得转矩方程的另一种形式:

$$T_e = p[\psi_m f_A(\theta) i_A + \psi_m f_B(\theta) i_B + \psi_m f_C(\theta) i_C] \tag{2.13}$$

式中:p 为电机极对数;ψ_m 为每相绕组永磁磁链的最大值;$f_i(\theta)$ 为相反电势的波形函数,$i=$ A,B,C。

当电机运行在三角对称方式下,不计换相暂态情况时,式(2.13)可进一步化简为

$$T_e = 2p\psi_m i_A = k_T i \tag{2.14}$$

式中:k_T 为电机转矩系数;i 为稳态时的绕组相电流。

(3)电机运动方程。转位电机的运动方程可表示为

$$T_e - T_L - T_s = J_m \frac{\mathrm{d}\Omega}{\mathrm{d}t} + B_v \Omega \tag{2.15}$$

式中:T_L 为转位电机负载转矩,主要包括望远镜和照准部负载和外界干扰负载;T_s 为转位电机摩擦力矩;J_m 为电机转动惯量;B_v 为阻尼系数。

将式(2.14)代入式(2.15),得

$$k_T i - T_L - T_s = J_m \frac{\mathrm{d}\Omega}{\mathrm{d}t} + B_v \Omega \tag{2.16}$$

首先考虑空载和无摩擦情况，此时的电枢电流为

$$i = \frac{J_m}{k_T}\frac{d\Omega}{dt} + \frac{B_v}{k_T}\Omega \tag{2.17}$$

将式(2.17)代入式(2.11)，可得

$$U_d = \frac{L_a J_m}{k_T}\frac{d^2\Omega}{dt^2} + \frac{r_a J_m + L_a B_v}{k_T}\frac{d\Omega}{dt} + \frac{r_a B_v + k_e k_T}{k_T}\Omega \tag{2.18}$$

对式(2.18)进行 Laplace 变换，可知空载情况下电机的传递函数为

$$G_u(s) = \frac{\Omega(s)}{U_d(s)} = \frac{k_T}{L_a J_m s^2 + (r_a J_m + L_a B_v)s + (r_a B_v + k_e k_T)} \tag{2.19}$$

当存在负载转矩和摩擦转矩时，可将它看做是系统输入，系统结构如图 2.4 所示。

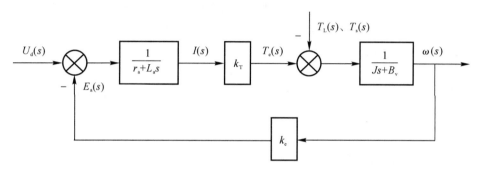

图 2.4   负载和摩擦转矩作用时的无刷直流电机系统结构图

由叠加效应可知，系统输入值为 $U_d(s)$ 和 $T_L(s) + T_s(s)$ 分别作用之和。

在图 2.4 中，如 $U_d(s) = 0$，且

$$\left[-k_e\frac{1}{r_a + L_a s}k_T\Omega(s) - T_L(s) - T_s(s)\right]\frac{1}{J_m s + B_v} = \Omega(s) \tag{2.20}$$

则此时负载转矩与速度之间的传递函数为

$$G_{Ls}(s) = \frac{\Omega(s)}{T_L(s) + T_s(s)} = -\frac{r_a + L_a s}{L_a J_m s^2 + (r_a J_m + L_a B_v)s + (r_a B_v + k_e k_T)} \tag{2.21}$$

因此，无刷直流电机在电压和负载转矩共同作用下的速度响应为

$$\Omega(s) = G_u(s)U_d(s) + G_{Ls}[T_L(s) + T_s(s)] =$$

$$\frac{k_T U_d(s)}{L_a J_m s^2 + (r_a J_m + L_a B_v)s + (r_a B_v + k_e k_T)} -$$

$$\frac{(r_a + L_a s)[T_L(s) + T_s(s)]}{L_a J_m s^2 + (r_a J_m + L_a B_v)s + (r_a B_v + k_e k_T)} \tag{2.22}$$

电机摩擦中黏滞摩擦部分已在模型中建立，取状态 $X_1 = \theta_m$，$X_2 = \dot{\theta}_m$，$X_3 = \ddot{\theta}_m$，X_1，X_2，X_3 分别为电机的角位移、角速度、角加速度。假设转位系统减速比为 j，转位角度、角速度、角加速度分别为 x_1，x_2，x_3，因此，满足关系：$X_1/x_1 = X_2/x_2 = X_3/x_3 = j$。根据式(2.22)和传动比关系，经纬仪转位控制系统的状态方程为

$$\left.\begin{array}{l}\dot{x}_1 = x_2 \\ \dot{x}_2 = x_3 \\ \dot{x}_3 = -\dfrac{B_v r_a + k_e k_T}{L_a J_m} x_2 - \dfrac{r_a J_m + B_v L_a}{L_a J_m} x_3 + \\ \dfrac{k_T}{L_a J_m} u - \dfrac{(r_a + L_a x_2)[T_L + T_s(x_2)]}{L_a J_m} + F \\ T_s(x_2) = f_c + (f_s - f_c) e^{-|x_2/v_s|^2} + f_v x_2 \\ y = [x_1, x_2] \end{array}\right\} \qquad (2.23)$$

式中:假设 T_s 采用的是典型非线性 Stribeck 模型;f_s 为电机轴所受的静摩擦力;f_c 为库仑力;f_v 为黏滞摩擦因数;v_s 为 Stribeck 速度;T_L 为电机负载力矩;F 为系统总不确定性,包括未建模部分、系统参数不确定性部分以及风力、地面震动等外界干扰部分。

式(2.23)进一步化简为

$$\left.\begin{array}{l}\dot{x}_1 = x_2 \\ \dot{x}_2 = x_3 \\ \dot{x}_3 = a_1 x_2 + a_2 x_3 + u/a_3 + (a_4 + a_5 x_2) g(x_2) + F \\ y = [x_1, x_2] \end{array}\right\} \qquad (2.24)$$

式中:$a_1 = -\dfrac{B_v r_a + k_e k_T}{L_a J_m}$;$a_2 = -\dfrac{r_a J_m + B_v L_a}{L_a J_m}$;$a_3 = \dfrac{L_a J_m}{k_T}$;$a_4 = -\dfrac{r_a}{L_a J_m}$;$a_5 = -\dfrac{1}{J_m}$;$g(x_2) = T_L + f_c + (f_s - f_c) e^{-|x_2/v_s|^2}$。

2.2.3 不确定性条件下的经纬仪转位性能分析

经纬仪转位控制系统是典型的电机伺服系统,存在不确定性和强非线性。不确定性主要包括内、外界干扰部分和参数摄动部分,而摩擦力矩和本身负载力矩存在强非线性。经纬仪转位驱动电机为直流电机,自身会存在力矩波动,仪器在野外工作时会受到风力、地面震动干扰,这部分干扰力矩测量和建模难度都会很大;另外,与其他类型电机一样,无刷直流电机本身的参数,如转动惯量、电阻和电感等,会随着运动情况的变化而发生变化,从而影响电机调速等性能。转动惯量、电阻和电感的大小与电机转速及转矩等电机输出之间存在复杂的非线性关系。本节以经纬仪转位控制系统数学模型为基础,采用常用的 PID 控制方法,分析系统不确定性对经纬仪转位性能和结果的影响。PID 控制器与转位系统主要参数见表 2.1。

表 2.1 PID 控制方式下经纬仪转位控制系统主要参数

参 数	符 号	值	参 数	符 号	值
电机额定电压/V	U_0	220	望远镜角速度/[(°)·s⁻¹]	ω_h	5
电机绕组线电阻/Ω	r_a	5.75	库仑摩擦因数	f_c	0.285
电机绕组线电感/H	L_a	1.7×10^{-2}	黏滞摩擦因数	k_v	0.1
电机转矩系数/(N·m·A⁻¹)	k_T	1.2	静摩擦因数	f_s	0.335
电机阻尼系数/(N·m·min·r⁻¹)	B_v	1×10^{-3}	Stribeck 速度/[(°)·s⁻¹]	ω_0	0.01

续表

参　数	符　号	值	参　数	符　号	值
反电动势系数/(V·rad·s⁻¹)	k_e	0.7	减速比	j	180
系统转动惯量/(kg·m²)	J	1.57×10^{-3}	控制器比例系数	k_p	200
望远镜质量/kg	m_t	0.45	控制器积分系数	k_i	4
望远镜长度/m	l	0.53	控制器微分系数	k_d	5×10^{-4}

2.2.3.1　常值扰动情况

假设系统转动惯量 $J = 1.57 \times 10^{-3}$ kg·m²，在 $t = 0.5$ s 时加入常值扰动 $F = 5 \times 10^5$。利用 PID 控制方法，观察转位系统在零扰动和常值扰动情况下对转位性能的影响，跟踪目标信号采用运动轨迹规划方法获得，运动轨迹规划方法和轨迹规划结果见下节。常值扰动情况下 PID 控制转位跟踪效果对比如图 2.5 所示。

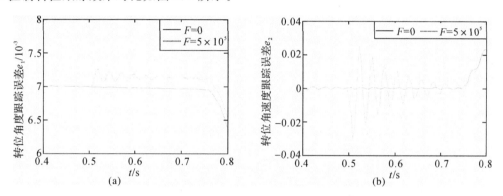

图 2.5　常值扰动情况下 PID 控制转位跟踪效果对比
(a)转位角度跟踪误差；(b)转位角速度跟踪误差

由图 2.5 可知，在系统突加扰动后，转位角度误差在 0.3 s 内并不能收敛到理想状态，转位角速度误差需要近 0.25 s 才基本收敛，且期间经过较大幅度的振荡，说明 PID 控制的抗扰动能力较差，无法实现快速收敛。转位角速度误差达到 1.2%，较大的速度不稳定会影响转位效果，也会对转位系统硬件造成一定程度的冲击和破坏。

2.2.3.2　时变扰动情况

当电机转动惯量 $J = 1.57 \times 10^{-3}$ kg·m² 时，加入时变扰动 $F = 5 \times 10^5 \sin(50\pi t)$，利用 PID 控制方法，观察转位系统在零扰动和时变扰动情况下对转位性能的影响。时变扰动情况下 PID 控制转位跟踪效果对比图如图 2.6 所示。

图 2.6 中，在存在系统扰动时变的情况下，转位系统状态跟踪效果较差，跟踪误差(尤其是角速度跟踪误差)偏大，主要表现在围绕理想情况曲线上下波动。PID 控制器参数无法根据被控对象变化而自适应地实时改变，使控制效果不佳，这也是 PID 控制存在的主要问题。

2.2.3.3　参数摄动情况

系统不确定性主要包括系统参数摄动引起的不确定性和外界环境引起的不确定性。为说明参数摄动对系统控制的影响，假设外界扰动为零，系统转动惯量由原来的 $J = 1.57 \times 10^{-3}$ kg·

m^2 分别变为 $J/2$ 和 $2J$。参数摄动情况下 PID 控制转位跟踪效果对比图如图 2.7 所示。

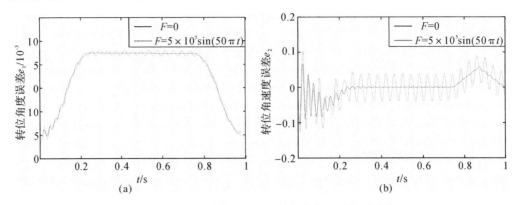

图 2.6　时变扰动情况下 PID 控制转位跟踪效果对比

(a)转位角度跟踪误差;(b)转位角速度跟踪误差

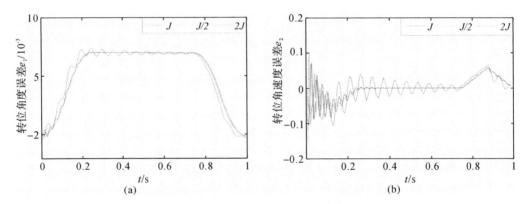

图 2.7　参数摄动情况下 PID 控制转位跟踪效果对比

(a)转位角度跟踪误差;(b)转位角速度跟踪误差

由图 2.7 可发现,随着系统转动惯量的增加,转位角度误差和角速度误差都会增大,这说明在参数摄动时,传统的 PID 控制器不能适应系统的变化,缺乏对参数变化的鲁棒性。

2.3　起竖控制系统数学建模

2.3.1　组成及原理

起竖转位系统主要完成负载由水平状态到垂直状态的转换。起竖转位系统示意图如图 2.8 所示,主要由起竖臂、车架、闭锁装置、起竖液压缸、液压系统及控制系统等组成,整个起竖转位系统都集中在车辆底盘上。

(1)起竖臂——主要用于支撑,完成起竖。起竖过程中,通过闭锁装置将负载固定在起竖臂上,而起竖臂的一端通过回转轴 O 与车架相连,另一端通过一支点与车架上的一横梁接触,

起竖臂通过接点 O_2 与起竖液压缸相连。

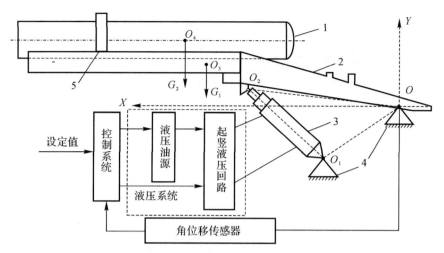

1—负载；2—起竖臂；3—起竖液压缸；4—车架；5—闭锁装置

图 2.8　起竖转位系统示意图

(2)车架——连接全车的各部分,主要作用是承受上装的作用力,由各种起支撑作用的梁和连接件组成。车架一般固定在底盘上,一端通过回转点 O 连接起竖臂,另一端设有支撑起竖臂的梁,同时起竖液压缸的一端 O_1 也与车架相连。

(3)闭锁装置——主要由上、下两个夹钳组成,在运输时起支撑和固定的作用,而在起竖时,两个夹钳关闭,起竖到位后松开,回平则是反向操作。

(4)起竖液压缸——不同系统的起竖液压缸有一级缸和多级缸之分,主要作用是带动起竖臂完成起竖和回平,是起竖转位系统的重要执行元件。

(5)液压系统——主要为实现起竖提供动力油源,并配合电控系统,实现对液压油压力、流量和方向的控制。

(6)电控系统——主要是对液压系统进行控制,进而实现对起竖过程的控制。

起竖转位系统的基本工作原理如下:当起竖液压系统开始工作时,起竖液压缸在液压力的作用下伸出,从而驱动起竖臂带着绕回转轴转动。起竖过程中,控制系统根据角位移传感器采集的起竖信号,输出相应的控制信号,控制液压回路中电液比例阀的开口和方向,从而控制液压回路的压力、流量和方向,实现自动起竖,当起竖到垂直位置时,比例阀关闭,起竖臂停止运动,闭锁装置打开,依靠发射台来支撑重量,起竖过程完毕。撤收时,过程刚好相反,比例阀换向,液压油从反腔流入液压缸,起竖液压缸在液压力的作用下缩回,带动起竖臂平稳回平。

起竖系统是一个典型的机电液高度耦合的复杂系统,起竖过程的顺利完成依赖于起竖机械系统、液压系统和控制系统三部分的协调配合。目前,起竖系统常用的液压缸为四级液压缸,此处以典型的单级液压缸驱动的起竖转位系统为例进行研究,多级液压缸驱动的起竖系统建模与单级液压缸驱动的起竖系统建模相类似。

2.3.2 起竖系统动力学建模

2.3.2.1 起竖过程液压驱动力模型

在图 2.8 中,以起竖臂回转点 O 为原点建立坐标系 XOY,O_1 和 O_2 分别为起竖液压缸的下接点和上接点,O_3 和 O_4 分别为起竖臂和负载的重心,设 $OO_1=l_1$,$OO_2=l_2$,$OO_3=l_3$,$OO_4=l_4$,起竖臂的转动惯量为 J_1,重力为 G_1,负载的转动惯量为 J_2,重力为 G_2,在初始时刻 $O_1O_2=l_5$,$\angle O_1OO_2=\theta_0$,$\angle XOO_3=\alpha_2$,$\angle XOO_4=\alpha_3$,设 t 时刻的起竖角度为 $\theta(t)$,液压缸活塞产生的驱动力为 $F(t)$,$\angle OO_2O_1=\alpha_1(t)$。

由起竖臂的转动微分方程可得(这里先考虑理想的情况,忽略系统摩擦及风载荷等其他影响因素的力矩)

$$(J_1+J_2)\ddot{\theta}(t)=Fl_2\sin\alpha_1(t)-G_1l_3\sin[\theta(t)+\alpha_2]-G_2l_4\sin[\theta(t)+\alpha_3] \quad (2.25)$$

在三角形 OO_1O_2 中,根据正弦定理则有

$$\frac{l_1}{\sin\alpha_1(t)}=\frac{l_5+x_{\mathrm{p}}(t)}{\sin[\theta(t)+\theta_0]} \quad (2.26)$$

式中:$x_{\mathrm{p}}(t)$ 为液压缸活塞杆的伸出位移,它和起竖角度 $\theta(t)$ 的关系为

$$x_{\mathrm{p}}(t)=\sqrt{l_1^2+l_2^2-2l_1l_2\cos[\theta(t)+\theta_0]}-l_5 \quad (2.27)$$

由式(2.25)和式(2.26)整理得到液压缸活塞的驱动力,即活塞的负载函数为

$$F(t)=\frac{(J_1+J_2)\ddot{\theta}(t)+G_1l_3\cos[\theta(t)+\alpha_2]+G_2l_4\cos[\theta(t)+\alpha_3]}{l_1l_2\sin[\theta(t)+\theta_0]\big/\sqrt{l_1^2+l_2^2-2l_1l_2\cos[\theta(t)+\theta_0]}} \quad (2.28)$$

起竖机械系统的主要参数见表 2.2。

表 2.2 起竖机械系统主要参数值

参 数	参数值	参 数	参数值
起竖臂质量 M_1/kg	1 155.98	OO_3 的长度 l_3/m	3.533
负载质量 M_2/kg	6 236.43	OO_4 的长度 l_4/m	4.026
起竖臂转动惯量 J_1/(kg·m²)	7 448.33	初始时刻液压缸长度 l_5/m	1.032
负载转动惯量 J_2/(kg·m²)	4.563×10^4	$\angle O_1OO_2$ 的初始值 θ_0/rad	0.681 6
OO_1 的长度 l_1/m	1.132	$\angle XOO_3$ 的初始值 α_2/rad	0.104 7
OO_2 的长度 l_2/m	1.624	$\angle XOO_4$ 的初始值 α_3/rad	0.137 9

假设匀速起竖,根据式(2.28)得到起竖力随角度变化曲线如图 2.9 所示。

由图 2.9 中可以看出,在起竖初始时刻,所需的起竖力是最大的,随着起竖角度的增大,起竖力逐渐减小,起竖到大约 84°时(图中 A 点所示),即起竖臂质心过了回转点 O 时,起竖力 F 由推力变为拉力,这给起竖带来安全隐患。实际中,在液压系统中增加一平衡阀,给液压缸反腔提供背压,使液压系统的输出驱动力始终为推力。

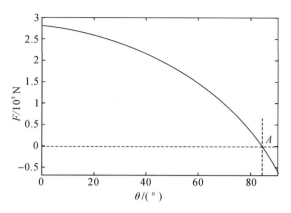

图 2.9　起竖力随角度变化曲线

2.3.2.2　起竖过程风载荷模型

车辆在野外起竖过程中还受到风载荷的作用。由上述对起竖驱动力的分析可知,随着起竖角度的增大,液压系统的压力逐渐减小,这时风的作用将对起竖产生明显影响,遇到大风作用时给起竖带来安全隐患,因此有必要研究风载荷对起竖过程的影响,建立起竖过程的风载荷模型。

在研究风载荷对起竖过程的影响时,除较为复杂的地形条件外,一般不考虑铅垂风的影响。目前,在对风载荷模型的研究中,工程上普遍认为风可以分解为平均风和脉动风两部分。平均风的作用相当于常值载荷,是确定的;脉动风是由风的不规则性引起的,风速大小可以用零均值的高斯平稳随机过程来描述,且具有明显的各态历经性,脉动风主要引起风的振动,是不确定的。

风载荷作用力的大小随季节、地点、时间、高度、地形环境的变化而变化,难以建立真实的模型。在实际应用过程中,对地面风载荷的计算,通常是在统计数据的基础上采用简化的方法,将风视为垂直平面的变量,建立风剖面模型。任意高度处的风速为

$$V(h,t)=\bar{V}(h)+v(h,t) \tag{2.29}$$

式中:$V(h,t)$、$\bar{V}(h)$、$v(h,t)$分别为高度 h 处的瞬时风速、平均风速和脉动风速。

一般用风剖面即平均风速随高度的变化规律来表征风的特性。风剖面一般有两种模型,一种是按边界层理论得出的对数风剖面模型,另一种是按实测结果推出的指数风剖面模型。实测表明,100 m 以下对数风剖面模型较指数风剖面模型更符合实际。因此,采用对数风剖面模型计算平均风速,即高度 h 处的平均风速为

$$\bar{V}(h)=\bar{V}(h_{ref})\frac{\lg h-\lg h_0}{\lg h_{ref}-\lg h_0} \tag{2.30}$$

式中:h_0 为地面粗糙长度,表示零风速处离地面的高度,根据地表类型的不同取值范围为 0.000 1~1;$\bar{V}(h_{ref})$ 为参考高度 h_{ref} 处的平均风速。

风作用在起竖机构上的载荷是由风速、结构的迎风作用面积和气动阻力系数等因素决定的。迎风作用面积和气动阻力系数与结构外形有关,作用于机构上的风载荷为

$$F=\sum P_i S_i \tag{2.31}$$

式中：P_i 为作用于机构上的风压；S_i 为机构的迎风作用面积。

$$P_i = QC_xK_h\beta \tag{2.32}$$

式中：Q 为额定风压，计算公式为 $Q=\dfrac{1}{2}\rho\bar{V}^2(h)$；$\rho$ 为给定温度下的空气密度；$\bar{V}(h)$ 为高度 h 处的平均风速；C_x 为气动阻力系数；β 为计算阵风作用的动力系数；K_h 为风压随高度增加系数，且 $K_h=[\bar{V}(h)/\bar{V}(h_{\text{ref}})]^2$。

综合式（2.31）和式（2.32）得，离地高度为 h 处的风压为

$$P_i = \frac{1}{2}\rho C_x\beta\bar{V}^2(h_{\text{ref}})\left(\frac{\lg h-\lg h_0}{\lg h_{\text{ref}}-\lg h_0}\right)^4 \tag{2.33}$$

所研究的起竖机构，起竖臂为矩形梁结构，负载为圆形结构，计算风载荷时应分开考虑。根据式（2.31）和式（2.33）得起竖机构总载荷为

$$F_f = F_弹 + F_臂 = \frac{1}{2}\rho\bar{V}^2(h_{\text{ref}})\left(\frac{\lg h-\lg h_0}{\lg h_{\text{ref}}-\lg h_0}\right)^4\beta\sin(\theta+\theta_0)\left(C_{x弹}\int_0^l Ddl + C_{x臂}\int_0^{l'}Bdl'\right) \tag{2.34}$$

式中：D 为直径；B 为起竖臂矩形梁的有效宽度；l 为总有效长度；l' 为起竖臂矩形梁的有效长度。

进一步可以得到风载荷对起竖臂转轴的力矩为

$$M_f = \frac{1}{2}\rho\bar{V}^2(h_{\text{ref}})\left(\frac{\lg h-\lg h_0}{\lg h_{\text{ref}}-\lg h_0}\right)^4\beta\sin^2\theta\left(C_{x弹}\int_0^l lDdl + C_{x臂}\int_0^{l'}Bl'dl'\right) \tag{2.35}$$

在 Matlab 仿真环境下，建立起竖过程的风载荷模型，对风载荷的影响进行仿真研究，模型中基本参数见表 2.3。

表 2.3　风载荷模型基本参数

参　数	参数值	参　数	参数值
起竖臂气动阻力系数 $C_{x臂}$	1.4	直径 D/m	1.2
气动阻力系数 $C_{x弹}$	0.6	空气密度 $\rho/(\text{kg/m}^3)$	1.29
风载荷动力系数 β	1.52	地面粗糙度 h_0	0.000 1～1
起竖臂总长度 l'/m	7	参考高度 h_{ref}	10
总长度 l/m	10	h_{ref} 处平均风速 $\bar{V}(h_{\text{ref}})$	0～25
起竖臂有效迎风宽度 B/m	0.4	—	—

加上风载荷的影响，活塞的负载函数式（2.28）变为

$$F(t) = \frac{(J_1+J_2)\ddot{\theta}(t)+G_1l_3\cos[\theta(t)+\alpha_2]+G_2l_4\cos[\theta(t)+\alpha_3]\pm M_f}{l_1l_2\sin[\theta(t)+\theta_0]/\sqrt{l_1^2+l_2^2-2l_1l_2\cos[\theta(t)+\theta_0]}} \tag{2.36}$$

式中：M_f 前的正负号分别代表逆风起竖和顺风起竖。

分别在无风、逆风、顺风条件下，得到起竖力随角度变化曲线如图 2.10 所示，图中风速为 15 m/s。在逆风情况下，风速分别为 0 m/s，5 m/s，10 m/s，15 m/s 和 25 m/s 的起竖力曲线，如图 2.11 所示。

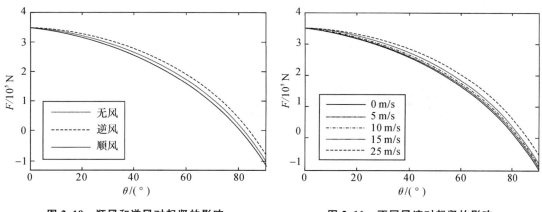

图 2.10　顺风和逆风对起竖的影响　　　　图 2.11　不同风速对起竖的影响

从图 2.10 中可以看出,风载荷对起竖过程有明显影响,特别是随着起竖角度的增大,有效迎风面积增大,风载荷的作用也明显加强,逆风所需的起竖力要比无风时大,而顺风则要小。另外,风速对起竖力有明显影响,从图 2.11 中可以看出,风速越大影响越明显,这与实际是相符的,所以在系统设计或选择发射时机时,必须考虑风载荷的影响。

2.3.3　起竖液压系统建模

起竖系统一般采用液压驱动的方案,主要是通过电液比例阀控制液压缸来实现。电液比例控制系统与电机控制相比具有体积小、质量小、反应快、控制精度高以及输出推力大等优点。由于受重载荷、长行程和安装空间等方面的限制,起竖液压系统驱动液压缸都是采用非对称液压缸或多级非对称液压缸,特性与对称缸有所不同。

2.3.3.1　阀控非对称液压缸数学模型

非对称液压缸具有工作空间小、结构简单等特点,但由于正、反向运动时两腔作用面积的不同,系统整体的静、动态特性呈现非线性。以往对液压系统的建模大多是对某一稳定工作点利用泰勒展开式进行线性化建模,该方法不能准确描述系统的非线性特性,还有一些文献沿用阀控对称缸液压系统的模型,但该模型对于非对称液压缸而言违背了能量守恒定律,导致阀不能够驱动液压缸。研究发现,建模过程中的重点是如何对液压缸负载压力和负载流量进行定义。因此,此处重新对二者进行了定义并推导了阀控非对称液压缸的数学模型。

阀控非对称液压缸工作原理图如图 2.12 所示,其主要由电液比例阀、非对称液压缸以及液压管道组成。电液比例阀的阀芯为零开口四边滑阀,节流窗口 1、4 与液压缸无杆腔相连,面积梯度为 w_1 和 w_4,且 $w_1 = w_4$;节流窗口 2、3 与液压缸有杆腔相连,面积梯度为 w_2 和 w_3,且 $w_2 = w_3$。起竖液压系统中用的比例阀为对称阀,所以各节流窗口的面积梯度相等,即 $w_1 = w_2 = w_3 = w_4 = w$。

阀控非对称液压缸数学模型主要由液压缸活塞力平衡方程、比例阀流量方程和液压缸流量连续性方程组成,推导过程如下。

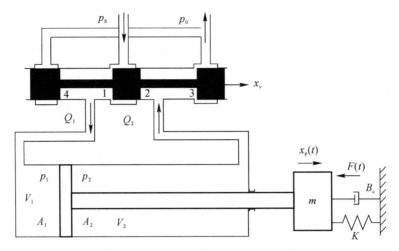

图 2.12 阀控非对称液压缸工作原理图

(1)液压缸活塞力平衡方程。根据牛顿第二定律,液压缸活塞的力平衡方程为

$$A_1 p_1 - A_2 p_2 = m\ddot{x}_p + B_c \dot{x}_p + K x_p + F + F_r + F_p \tag{2.37}$$

式中:A_1、A_2 为液压缸无杆腔和有杆腔的活塞作用面积,且 $A_2/A_1 = n$;p_1、p_2 为液压缸无杆腔和有杆腔的压力;m 为活塞杆及负载的等效质量;B_c 为液压缸的黏性阻尼系数;K 为弹性系数,由于起竖系统以惯性负载为主,所以弹性系数很小,这里取 $K = 0$;F 为作用在液压缸活塞杆上的负载力;F_r——液压缸的摩擦力;F_p 为液压缸的碰撞力。

如果液压缸活塞杆在稳定状态下运动,则式(2.37)可以简化为

$$A_1(p_1 - n p_2) = F_0 \tag{2.38}$$

式中:F_0 为作用在活塞杆上的稳定力。液压缸负载压力可以定义为

$$p_L = p_1 - n p_2 \tag{2.39}$$

(2)比例阀流量方程。比例阀流量方程是典型的非线性方程,由于液压缸两腔活塞面积不同,所以进油口和回油口的流量特性也不相同,设回油压力 $P_0 = 0$。定义比例阀的阀芯位移为 x_v,当 $x_v > 0$ 时,液压缸活塞杆伸出;$x_v < 0$ 时,液压缸活塞杆缩回。阀芯位移与输入 u 之间可等效为比例关系,$x_v = k_p u$,k_p 为比例阀增益。设 Q_1,Q_2 为流入液压缸无杆腔和有杆腔的流量,根据阀口流量公式,可得

$$Q_1 = \begin{cases} C_d w x_v \sqrt{2(p_s - p_1)/\rho}, & x_v \geqslant 0 \\ C_d w x_v \sqrt{2 p_1/\rho}, & x_v < 0 \end{cases} \tag{2.40}$$

$$Q_2 = \begin{cases} C_d w x_v \sqrt{2 p_2/\rho}, & x_v \geqslant 0 \\ C_d w x_v \sqrt{2(p_s - p_2)/\rho}, & x_v < 0 \end{cases} \tag{2.41}$$

式中:p_s 为液压系统油液压力;C_d 为阀口流量系数;ρ 为液压油的密度。

由于液压缸活塞杆的速度 $v = Q_1/A_1 = Q_2/A_2$,所以 $Q_2/Q_1 = n$,综合式(2.39)~

(2.41)得

$$p_1 = \begin{cases} (n^3 p_S + p_L)/(1+n^3), & x_v \geqslant 0 \\ (n p_S + p_L)/(1+n^3), & x_v < 0 \end{cases} \tag{2.42}$$

$$p_2 = \begin{cases} n^2(p_S - p_L)/(1+n^3), & x_v \geqslant 0 \\ (p_S - n^2 p_L)/(1+n^3), & x_v < 0 \end{cases} \tag{2.43}$$

定义液压缸负载流量 $Q_L = Q_1$，并将式(2.42)代入式(2.40)得

$$Q_L = \begin{cases} C_d w x_v \sqrt{\dfrac{2}{\rho} \dfrac{1}{1+n^3}(p_S - p_L)}, & x_v \geqslant 0 \\ C_d w x_v \sqrt{\dfrac{2}{\rho} \dfrac{1}{1+n^3}(n p_S + p_L)}, & x_v < 0 \end{cases} \tag{2.44}$$

（3）液压缸流量连续性方程。假设液压缸每个容腔内各点的压力、油液温度和密度都相同，根据流量连续性定理得到液压缸的流量连续性方程为

$$Q_1 = A_1 \dot{x}_p + C_{in}(p_1 - p_2) + \frac{V_0}{\beta_e} \dot{p}_1 \tag{2.45}$$

$$Q_2 = A_2 \dot{x}_p + C_{in}(p_1 - p_2) - C_{out} p_2 - \frac{V_0}{\beta_e} \dot{p}_2 \tag{2.46}$$

式中：β_e 是油液的有效体积弹性模量；C_{in}、C_{out} 为液压缸的内泄漏系数和外泄漏系数；V_0 为液压缸的有效体积。

将式(2.39)、式(2.45)式(2.46)联立得

$$Q_1 + nQ_2 = (1+n^2)A_1 \dot{x}_p + C_{in}(p_1 - p_2)(1+n) + nC_{out} p_2 + \frac{V_0}{\beta_e} \dot{p}_L \tag{2.47}$$

将式(2.42)、式(2.43)代入式(2.47)得

$$\frac{Q_1 + nQ_2}{1+n^2} = A_1 \dot{x}_p + C_t p_L + \frac{V_0}{\beta_e(1+n^2)} \dot{p}_L + b p_S \tag{2.48}$$

式中：$C_t = \dfrac{1+n}{1+n^3} C_{in} + \dfrac{n^3}{(1+n^3)(1+n^2)} C_{out}$；$b = \dfrac{1+n}{1+n^2} b_1 C_{in} - \dfrac{n}{(1+n^2)} b_2 C_{out}$，且

$$b_1 = \begin{cases} (n^3 - n^2)/(1+n^3), & x_v \geqslant 0 \\ (n-1)/(1+n^3), & x_v < 0 \end{cases} \qquad b_2 = \begin{cases} n^2/(1+n^3), & x_v \geqslant 0 \\ 1/(1+n^3), & x_v < 0 \end{cases}$$

在式(2.48)中，$\dfrac{Q_1 + nQ_2}{1+n^2} = \dfrac{Q_1 + n^2 Q_1}{1+n^2} = Q_1 = Q_L$，也就是原先定义的负载流量，因此，得到液压缸流量连续性方程为

$$Q_L = A_1 \dot{x}_p + C_t p_L + \frac{V_0}{\beta_e(1+n^2)} \dot{p}_L + b p_S \tag{2.49}$$

2.3.3.2 液压缸摩擦力模型

摩擦普遍存在于各种运动机械中,液压缸摩擦力给系统控制带来一定的跟踪误差。现有文献在研究起竖机构的建模中经常忽略摩擦力的影响,这在起竖角度较小时,由于液压缸输出力很大,可以认为是正确的,随着起竖角度的增大,液压缸的输出力逐渐减小,尤其是接近垂直位置时,负载力已经很小,此时,如果忽略摩擦力,会影响到位精度,也会影响后面的调直精度。因此,建立了液压缸的摩擦力模型,以实现对摩擦力的补偿,提高起竖的控制精度。

在稳定状态下,液压缸摩擦力与活塞的运动速度成函数关系,运动特性可以用 Stribeck 曲线来描述。但在非稳定状态下,特别是在液压缸加速、减速、启动、停止或缓慢运动时,Stribeck 曲线会带来较大的误差。因此,一些文献提出了非稳态的摩擦力模型,其中应用最为广泛的是 Lugre 模型,该模型几乎可以模拟摩擦力的所有动态特性,包括滑动位移、摩擦滞后、变起步阻力和黏性滑动等,但 Lugre 模型仍存在一定的缺陷。文献[108]对 Lugre 模型进行了深入分析,通过阀控非对称缸的摩擦力实验,表明在预滑动阶段,Lugre 模型不能准确模拟液压缸的摩擦力,其原因是没有考虑润滑油的动态特性。文献[109]对 Lugre 模型进行了改进,加入了油膜厚度参数,使之更好地模拟液压缸的摩擦力。因此,采用这种改进的 Lugre 模型对起竖过程中的液压缸摩擦力进行仿真研究。

经典的 Lugre 摩擦力模型表达式为

$$\left.\begin{aligned} \frac{\mathrm{d}z}{\mathrm{d}t} &= v - \frac{\sigma_0 z}{g(v)}|v| \\ F_r &= \sigma_0 z + \sigma_1 \frac{\mathrm{d}z}{\mathrm{d}t} + \sigma_2 v \end{aligned}\right\} \tag{2.50}$$

式中:z 为鬃毛的平均变形;v 为接触面的相对速度;σ_0 为鬃毛刚度;σ_1 为鬃毛阻尼系数;σ_2 为黏性摩擦因数;F_r 为液压缸的摩擦力;$g(v) = F_c + (F_s - F_c)e^{-(v/v_s)^n}$,$F_c$ 为库仑摩擦力,F_s 为静摩擦力,v_s 为 Stribeck 特征速度。

Lugre 模型只考虑了固体之间的摩擦,没有加入润滑油膜的信息,使建立的模型不准确。如果其他条件相同,摩擦力的大小取决于两润滑接触面的油膜厚度,而且在稳定状态下,油膜厚度和相对速度之间的关系可近似等效为

$$h_{ss} = K_f|v|^{2/3}, \quad |v| \leqslant |v_b| \tag{2.51}$$

式中:K_f 为比例系数;v_b 为稳定状态下,摩擦力接近为零时的速度,当 $|v| \geqslant |v_b|$ 时,油膜厚度不再改变,即 $h_{max} = K_f|v_b|^{2/3}$。

式(2.51)是稳定状态下的油膜厚度,研究发现在非稳定状态下,加速运动时油膜厚度变小,减速运动时厚度增大,根据这一特性得到油膜厚度的动态方程为

$$\frac{\mathrm{d}h}{\mathrm{d}t} = \frac{1}{\tau_h}(h_{ss} - h) \tag{2.52}$$

式中:τ_h 为时间常数,且 $\tau_h = \begin{cases} \tau_{hp}, & v \neq 0, h \leqslant h_{ss} \\ \tau_{hn}, & v \neq 0, h > h_{ss}, \text{若 } h > h_{max}, \text{则 } h = h_{max}。 \\ \tau_{h0}, & v = 0 \end{cases}$

在加入润滑油膜厚度后,得到改进的 Lugre 模型为

$$\left.\begin{array}{l} \dfrac{\mathrm{d}z}{\mathrm{d}t}=v-\dfrac{\sigma_0 z}{g(v,h)}|v| \\[3mm] F_r=\sigma_0 z+\sigma_1\dfrac{\mathrm{d}z}{\mathrm{d}t}+\sigma_2 v \end{array}\right\} \tag{2.53}$$

式中:$g(v,h)=F_c+[(1-h)F_s-F_c]\mathrm{e}^{-(v/v_s)^n}$;稳定状态下,$\mathrm{d}z/\mathrm{d}t=0$,则摩擦力为

$$F_{rss}=F_c+[(1-h_{ss})F_s-F_c]\mathrm{e}^{-(v/v_s)^n}+\sigma_2 v \tag{2.54}$$

在 Matlab 中建立仿真模型,仿真参数见表 2.4。

表 2.4　摩擦力模型基本参数

参　　数	正向运动	反向运动	参　　数	参数值
净摩擦力 F_s/N	3 152	−2 566	刚度系数 σ_0/(N·m^{-1})	10^8
库仑摩擦力 F_c/N	478	−123.4	阻尼系数 σ_1/(N·m·s^{-1})	10^4
速度参数 v_s/(m·s^{-1})	0.021 3	−0.004 8	时间常数 τ_{hp}/s	0.033
指数参数 n	0.783	0.612	时间常数 τ_{hn}/s	2
摩擦因数 σ_2/(N·m·s^{-1})	−125.4	528	时间常数 τ_{h0}/s	10
比例系数 K_f/(m·s$^{-2/3}$)	8.80	9.87	速度参数 $|v_b|$/(m·s^{-1})	0.05

当液压缸活塞杆具有如图 2.13 所示的速度信号时,得到的摩擦力曲线如图 2.14 所示。从图中可以看出,在第一个周期的开始伸出阶段,摩擦力会迅速上升,最大值大概为 2 300 N,随着速度的增大又逐渐减小,速度再减小时摩擦力又增大,速度反向后,摩擦力也反向,第二个周期与第一个周期不同,正向最大摩擦力为 1 000 N 左右,后面摩擦力呈现出与第二周期相同的特性,这与文献[109]得到的实验结果相似,而 Lugre 模型则会产生较大的误差。

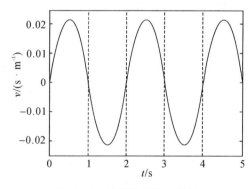

图 2.13　液压缸速度曲线图

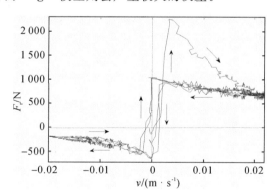

图 2.14　液压缸摩擦力–速度曲线

下述对起竖过程中液压缸的摩擦力进行仿真,假设起竖臂和是按匀加速—匀速—匀减速的规律起竖,角速度曲线如图 2.15 所示。根据起竖角度和液压缸位移的关系,可以得到液压缸的伸出速度,代入改进的 Lugre 模型,得到液压缸摩擦力曲线如图 2.16 所示。

由图 2.16 可以看出,在起竖开始阶段,液压缸摩擦力迅速增大,最大摩擦力大概 2 800 N 左右,随着速度的增大,摩擦力减小,随着起竖角度继续增大,液压缸伸出速度减小,摩擦力又

增大,最后达 2 300 N 左右,并且两段是不重合的,这也比较符合实际规律。因此,要实现起竖的精确控制,在起竖的末段,必须考虑摩擦力的影响,对摩擦力进行补偿,以提高起竖的控制精度。

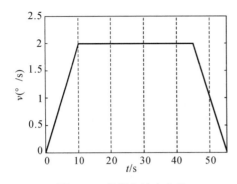

图 2.15　起竖角速度曲线

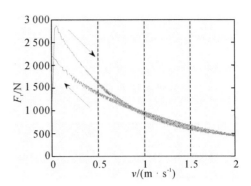

图 2.16　起竖液压缸摩擦力曲线

2.3.3.3　液压缸碰撞力模型

就单级液压缸而言,碰撞主要发生在起竖到位时刻,而对于多级液压缸,换级过程也是通过液压缸之间的碰撞限位实现的,碰撞过程成为影响起竖过程动态特性的一个重要因素,因此为了提高所建模型的适应能力,对液压缸的换级碰撞和到位碰撞问题进行了研究,主要是建立碰撞模型,实现碰撞力的补偿。

假设起竖液压缸缸筒、壳体、活塞杆都是刚体,在刚体动力学中,刚体之间的碰撞问题是一大难题,经典的处理方法是将碰撞过程分解为"分离—接触—碰撞"三个状态,该模型假定是完全的刚性碰撞,碰撞时间无限小、碰撞时的作用力无限大,采用动量定理和恢复系数确定碰撞后的状态,计算效率高,但无法计算碰撞力的大小,也就无法实现碰撞力的补偿。还有一种处理方法是将碰撞等效为弹簧接触阻尼模型,即分解为"接触—变形—恢复—脱离"的变化过程,该模型可以得到碰撞力与碰撞变形之间的关系,所以采用该模型实现起竖过程碰撞力的补偿。

等效弹簧接触阻尼模型可表示为

$$F_{\mathrm{p}} = k\delta^m + c\dot{\delta} \tag{2.55}$$

式中:F_{p} 为碰撞力;k 为等效碰撞刚度;δ 为碰撞点的变形深度;$\dot{\delta}$ 为碰撞点的相对速度;c 为阻尼系数;m 为指数,且 $m \geqslant 1$。

模型中采用阻尼系数为常值的黏性阻尼器来等效碰撞后的能量损失,而刚开始接触时,接触变形 $\delta = 0$,但由于相对速度 $\dot{\delta} \neq 0$,此时仍产生一个非零的碰撞力,这与实际情况是不相符的。研究发现,两个物体碰撞时,能量的损耗不仅与速度有关,而且还受变形大小的影响。因此,Iankarani 和 Nikravesh 提出了带迟滞因子的改进等效阻尼模型[110],即

$$F_{\mathrm{p}} = k\delta^m + u\delta^n\dot{\delta} \tag{2.56}$$

式中:u 为迟滞阻尼因子,且 $u = \dfrac{3k(1-e^2)}{4\dot{\delta}_1}$,$e$ 为碰撞前后物体的相对速度之比,即牛顿恢复系数,$\dot{\delta}_1$ 为碰撞前两物体的相对速度;n 为指数,且 $n \geqslant 1$。

式 2.56 推导过程中需假设牛顿恢复系数 $e \approx 1$,所以式(2.56)适合于大恢复系数的场合,恢复系数较小时计算误差较大。因此,对迟滞阻尼因子进行了修正,得到修正迟滞阻尼因子

$$u = \frac{3k(1-e^2)\exp(2-2e)}{4\dot{\delta}_1} \tag{2.57}$$

假设接触刚度 $k=1\times10^7$ N/m,变形幂次 $m=2$、$n=1$,碰撞前相对速度 0.15 m/s,牛顿恢复系数 $e=0.15$,用 Matlab 编程计算 0.15 s 的时间,设变形量-时间曲线如图 2.17 所示,得到改进迟滞阻尼模型的接触力-变形曲线如图 2.18 所示。

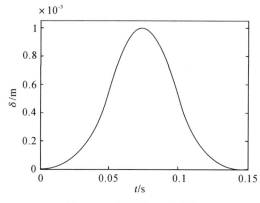

图 2.17　变形量-时间曲线

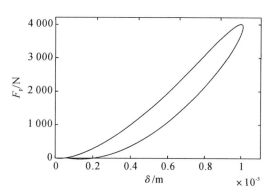

图 2.18　接触力-变形量曲线

由图 2.17 和图 2.18 中可以看出,刚接触时变形量为零,接触力也为零,随着变形量的增大,接触力也不断增大,在变形量达到最大时,接触力也达到最大,此后随着变形量的减小,接触力逐渐减小为零,符合实际情况。

2.3.4　系统总体模型及分析

2.3.4.1　系统总体模型

为得到起竖系统的总体模型,取状态 $x_1=x_p$,$x_2=\dot{x}_p$,$x_3=\ddot{x}_p$,x_1、x_2、x_3 分别是液压缸活塞杆的伸出位移、速度、加速度,并考虑风载荷、摩擦力和碰撞力的影响,综合式(2.36)、式(2.37)、式(2.44)、式(2.49)、式(2.53)、式(2.56)得系统状态方程为

$$\left.\begin{array}{l} \dot{x}_1 = x_2 \\ \dot{x}_2 = x_3 \\ \dot{x}_3 = a_{i1}x_2 + a_{i2}x_3 + g(x_v)u/a_{i3} + a_{i4} \end{array}\right\} \tag{2.58}$$

式中:

$$g(x_v) = \begin{cases} \sqrt{(p_s - p_{iL})} & x_v \geq 0 \\ \sqrt{(n_i p_s + P_{iL})} & x_v < 0 \end{cases}; \quad a_{i1} = -\frac{\beta_e(1+n_i^2)}{m_i V_{i0}}(A_{i1}^2 + C_{it}B_{ic})$$

$$a_{i2} = -\left(\frac{B_{ic}}{m_i} + \frac{C_{it}\beta_e(1+n_i^2)}{V_{i0}}\right); \quad a_{i3} = \frac{m_i V_{i0}}{A_{i1}\beta_e(1+n_i^2)C_d w k_p} \bigg/ \sqrt{\frac{2}{\rho(1+n_i^3)}}$$

$$a_{i4} = -\left(\frac{F+F_r+F_p}{m_i} + \frac{C_{it}\beta_e(1+n_i^2)}{m_i V_{i0}}(F+F_{ir}+F_{ip}) + \frac{A_{i1}\beta_e(1+n_i^2)}{m_i V_{i0}}b_i p_s\right)$$

在式(2.58)中,i 代表第 i 级液压缸伸出时系统的状态方程,所以此状态方程更具有普遍性,既适用于单级液压缸驱动的起竖系统,也适用于多级液压缸驱动的起竖系统。另外,方程中的碰撞力只在换级和液压缸伸出到位时才有数值,其他时刻的碰撞力为零。

2.3.4.2 非线性特性分析

由于起竖液压缸为非对称缸,正反向特性不同,再加上液压系统本身就具有非线性,且起竖过程中液压缸的外负载力是不断变化的,所以起竖液压系统具有强非线性特性。为了对起竖系统有更全面的了解,下面以单级液压缸起竖系统为例进行非线性特性分析,仿真用到的参数见表2.5。

在 Matlab/Simulink 中建立起竖液压系统的模型,假设输入信号为 $u = \sin(2\pi t)$,为简单起见,暂设外部负载 $F_L = 10\ 000$ N,并且初始位移为 0.74 m,仿真结果如图 2.19～图 2.22 所示。

表 2.5 起竖液压系统基本参数

参 数	参数值	参 数	参数值
正腔作用面积 A_1/m^2	0.017 7	油源压力 p_S/MPa	25
反腔腔作用面积 A_2/m^2	0.013 3	流量系数 C_d	0.62
黏性阻尼系数 $B_c/(\text{N}\cdot\text{m}\cdot\text{s}^{-1})$	800	阀面积梯度 w/m	2.51×10^{-2}
活塞杆等效质量 m/kg	178.31	弹性模量 β_e/Pa	7.5×10^{8}
内泄漏系数 $C_{in}/(\text{Pa}\cdot\text{m}^3\cdot\text{s}^{-1})$	2.41×10^{-13}	油液密度 $\rho/(\text{kg}\cdot\text{m}^{-3})$	868
外泄漏系数 $C_{out}/(\text{Pa}\cdot\text{m}^3\cdot\text{s}^{-1})$	7.58×10^{-15}	比例系数 k_p	0.018
有效体积 V_0/m^3	1.7×10^{-5}	液压缸行程 l/m	1.593 5

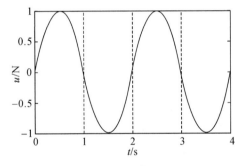

图 2.19 正弦输入信号

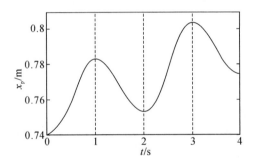

图 2.20 液压缸位移曲线

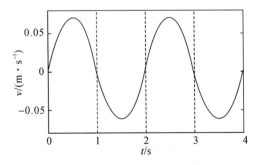

图 2.21 液压缸伸出速度曲线

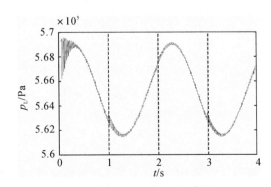

图 2.22 液压缸负载压力曲线

由仿真结果可以看出,由于阀控非对称缸的正反向作用面积的不同,正弦响应曲线存在明显的上升趋势,且从速度曲线也可以看出正反向速度不对称,液压缸正向时的伸出速度要大于反向时的速度,如果是对称液压缸其正反向特性是相同的;由图 2.22 也可以看出,在液压缸开始伸出时,负载压力存在波动,在液压缸换向时也存在波动,而且在实际中这种现象更明显。因此,起竖系统的强非线性给起竖过程的精确控制带来了困难。

2.4　基于匀速段的 3 阶点对点转位运动轨迹规划

机电系统转位运动过程的基本指标包括平稳性和精确性。从当前位置转位到目标位置过程属于典型的点对点运动。目前,点对点运动已应用到如半导体加工和机器人运动等高精密定位系统中。为获得高精度的运动过程,运动的轨迹规划直接影响运动性能和精度,也是获得高精度运动的难点和重点。为了获得良好的转位指标:一方面,要求转位运动的起停和运行是平滑的,不应许急起急停,运动角度、角速度曲线以及角加速度曲线要求连续且最大值相对较小;另一方面,也需要将运动冲击(角加速度对时间的一阶导数)最大值限定在一定范围内,避免设备产生过大振动。因此,为实现转位系统平稳、准确转动,需要考虑的轨迹规划特性指标有以下 3 种。

(1)最大角速度:转位角度一定,角速度越大,转位用时越短,但过大的角速度,会产生太大的动量,容易造成机械结构的损坏。为减小动量,应选择最大速度值较小的轨迹规划曲线。为了保证转位快速性的前提下减小最大角速度,采用了基于匀速段的点对点运动轨迹规划算法。

(2)最大角加速度:系统运动加速度最大值决定了系统惯性力大小,也是影响系统运动特性的重要因素,要求转位角加速度最大值在满足系统要求的条件下尽量小。

(3)最大冲击:系统冲击最大值对系统的动力特性有较大影响,决定系统的残余振动,破坏系统动力学特性,希望系统冲击的最大值尽量小。

实际应用中发现,运动冲击连续性好的轨迹规划曲线,其最大角速度和最大角加速度的值也会比较大。相反,最大角速度和最大角加速度值较小的轨迹规划曲线,其运动冲击曲线通常不连续。因此,运动轨迹规划指标间会相互制约,无法将所有指标参数设计为最优值,要求在运动轨迹规划过程中,根据实际情况综合分析各项指标,选择和设计一条最优的运动轨迹曲线。

一般地,转位系统的角度、角速度、角加速度以及冲击均可以看成是关于时间的函数,则它们方程的一般形式为

$$
\left.
\begin{aligned}
\theta(t) &= c_0 + c_1 t + c_2 t^2 + c_3 t^3 + \cdots + c_n t^n \\
v(t) &= \theta(t) = c_1 + 2c_2 t + 3c_3 t^2 + \cdots + n c_n t^{n-1} \\
a(t) &= \dot{v}(t) = 2c_2 + 6c_3 t + 12 c_4 t^2 \cdots + n(n-1) c_n t^{n-2} \\
j(t) &= \dot{a}(t) = 6c_3 + 24 c_4 t \cdots + n(n-1)(n-2) c_n t^{n-3}
\end{aligned}
\right\}
\tag{2.59}
$$

式中:$\theta(t)$,$v(t)$,$a(t)$,$j(t)$ 分别为转位过程中随时间 t 变化的角度、角速度、角加速度、冲击;c_0,c_1,c_2,$\cdots$,c_n 为 $n+1$ 个待定系数,需要根据转位具体要求确定。

当 $n=1$ 时,即系统处于匀速运动状态,并不满足系统点对点运动要求。当 $n=2,3,4$ 时,系统角速度曲线分别为 T 曲线、S 曲线、4 阶曲线,符合转位运动的加减速控制方式,也是目前点对点运动最为常用的轨迹规划方法。

2.4.1 T 曲线轨迹规划

一般情况下,假设加速过程和减速过程的轨迹对称,设匀速运动角速度为 Ω,最大角加速度为 A,总位移为 θ_T,$\omega_0 = \theta_0 = 0$。其运动过程一般由以下 3 个阶段组成。

第一阶段:当 $0 \leqslant t < t_1$ 时,匀加速阶段,在 t_1 时刻加速度由 A 变成 0,速度为 Ω。

第二阶段:当 $t_1 \leqslant t < t_2$ 时,匀速阶段,在 t_2 时刻加速度由 0 变成 $-A$,速度为 Ω。

第三阶段:当 $t_2 \leqslant t < t_3$ 时,匀减速阶段,在 t_3 时刻加速度由 $-A$ 变成 0,速度为 0。

在转位运动中,假设总运动时间 $T = 1$,转位角度 $\theta_T = 1.5°$,匀速段运动角速度 $v_c = 2°/s$。利用 T 曲线轨迹规划,便可确定加速时间 t_1、匀速时间 t_2、减速时间 $t_2 - t_1$ 以及匀速段运动角位移 θ_c。最终规划角度、角速度、角加速度曲线如图 2.23 所示。

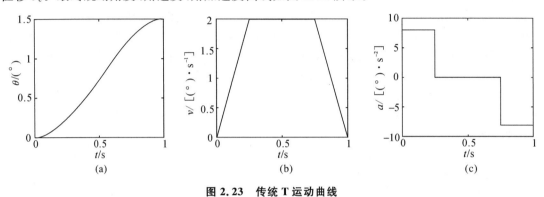

图 2.23　传统 T 运动曲线
(a)角度曲线;(b)角速度曲线;(c)角加速度曲线

由图 2.23 可知,T 运动算法简单,实现容易,且运动时间较短,但匀加减速的特点要求系统提供恒值的转动力矩。因此,只能依据最大转速时的输出转动力矩设计加速度值;同时,为了减小加减速阶段过大冲击转位机械部件,角加速度的最大值无法取得太大;整个阶段的加速度不连续,使驱动装置在零时刻、加速结束时刻、减速开始时刻和停止时刻,都会有一个柔性冲击,这些冲击使系统产生振动。

2.4.2 S 曲线轨迹规划

实现 S 曲线控制运行过程中,其起始位置和终止位置的角加速度、角速度值都为零。已知条件有:最大角加速度 a_{max},冲击 J,最大角速度 v_{max},匀速段的角速度 v_c,匀速段的角度 θ_y,且要求条件约束下时间最优。S 曲线的运动描述如图 2.24 所示。一般情况下,设匀角加速度的时间为 T_j,匀角加速度时间为 T_a,匀角速度时间为 T_v,各时间段的关系式由下式给出:

$$\left. \begin{array}{l} T_j = t_1 - t_0 = t_3 - t_1 = t_5 - t_4 = t_7 - t_6 \\ T_a = t_2 - t_1 = t_6 - t_5 \\ T_v = t_4 - t_3 \end{array} \right\} \quad (2.60)$$

正常情况下的 S 曲线加减速的运行过程可分为 7 段:加加速段、匀加速段、加减速段、匀速段、加减速段、匀减速段、减减速段。经过推导,可得到每个阶段的角加加速度、角加速度、角速度和角度的计算公式。

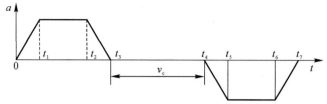

图 2.24　传统 S 运动加速度分段曲线

(1)第一段 $0 \leqslant t < t_1$,加加速段

$$
\left.
\begin{aligned}
j(t) &= J \\
a(t) &= a_0 + Jt = Jt \\
v(t) &= v_0 - a_0 t + \frac{1}{2}Jt^2 = \frac{1}{2}Jt^2 \\
\theta(t) &= \theta_0 + v_0 t + \frac{1}{2}a_0 t^2 + \frac{1}{6}Jt^3 = \frac{1}{6}Jt^3
\end{aligned}
\right\}
\tag{2.61}
$$

(2)第二段 $t_1 \leqslant t < t_2$,匀加速段

$$
\left.
\begin{aligned}
j(t) &= 0 \\
a(t) &= a(t_1) \\
v(t) &= v(t_1) + a(t_1)t \\
\theta(t) &= \theta(t_1) + v(t_1)t + \frac{1}{2}a(t_1)t^2
\end{aligned}
\right\}
\tag{2.62}
$$

(3)第三段 $t_2 \leqslant t < t_3$,加减速段

$$
\left.
\begin{aligned}
j(t) &= -J \\
a(t) &= a(t_2) - Jt \\
v(t) &= v(t_2) + a(t_2)t - \frac{1}{2}Jt^2 \\
\theta(t) &= \theta(t_2) + v(t_2)t + \frac{1}{2}a(t_2)t^2 - \frac{1}{6}Jt^3
\end{aligned}
\right\}
\tag{2.63}
$$

(4)第四段 $t_3 \leqslant t < t_4$,匀速段

$$
\left.
\begin{aligned}
j(t) &= 0 \\
a(t) &= 0 \\
v(t) &= v(t_3) \\
\theta(t) &= \theta(t_3) + v(t_3)t
\end{aligned}
\right\}
\tag{2.64}
$$

根据上述的加加速段、匀加速段、加减速段和匀速段的公式,同样可以得到减速阶段的公式。在整个运行过程中,运行的总时间为

$$
T = 4T_j + 2T_a + T_v
\tag{2.65}
$$

由已知条件匀速段的角速度为 v_c 可知,t_3 时刻等于给定的角速度 v_c,即

$$
v(t_3) = v_c = v(t_2) + a(t_2)T_j - \frac{1}{2}JT_j^2
\tag{2.66}
$$

由式(2.62)、式(2.63)和式(2.66),可知

$$
v_c = JT_j^2 + JT_jT_a
\tag{2.67}
$$

在约束条件式(2.67)下,为满足时间最优,需求出目标函数式(2.65)的极小值。结合式(2.65)和式(2.67),得

$$T = 2T_j + \frac{2v_c}{JT_j} + T_v \tag{2.68}$$

将式(2.67)对时间 T_j 求导,极值条件方程为

$$T' = 2 + \frac{2v_c}{JT_j^2} = 0 \tag{2.69}$$

因 $T'' = 4v_c/JT_j^3 > 0$,时间最优条件下的极小值点为

$$\left. \begin{array}{l} T_j^* = \sqrt{\dfrac{v_c}{J}} \\[2mm] T_a^* = 0 \end{array} \right\} \tag{2.70}$$

由此可见,时间最优运动只有加加速、减加速、匀速、加减速、减减速 5 个阶段,并无匀加速和匀减速过程。

以上是已知限制冲击情况下,获取最优化运动时间。同样基于以上分析可以知道,若已知 T 为最优时间,求得此时的最小冲击,则可以减小仪器残余振动。给出的已知条件有:转位时间 $T = 1$ 和此时间内转位角度 $\theta_T = 1.5°$,最大角速度 $v_{max} = 3°/s$,匀速段的角速度 $v_c = 2°/s$,最大角加速度 $a_{max} = 20°/s^2$。

这样,基于匀速段的 3 阶点对点运动轨迹规划算法,理想目标方位角度曲线 θ_d 有如下表达式:

$$\theta_d = \begin{cases} \dfrac{64}{3}t^3, & 0 \leqslant t \leqslant \dfrac{1}{8} \\[2mm] -\dfrac{64}{3}(t-)3 + 8(t-)2 + (t-\dfrac{1}{12}), & \dfrac{1}{4} \leqslant t \leqslant \dfrac{1}{4} \\[2mm] 2(t-\dfrac{1}{4}) + \dfrac{1}{4}, \dfrac{1}{4} \leqslant t \leqslant \dfrac{3}{4}, & \dfrac{3}{4} \leqslant t \leqslant \dfrac{3}{4} \\[2mm] -\dfrac{64}{3}(t-)3 + 2(t-\dfrac{3}{4}) + \dfrac{5}{4}, & \dfrac{3}{4} \leqslant t \leqslant \dfrac{7}{8} \\[2mm] \dfrac{64}{3}(t-)3 - 8(t-)2 + (t+\dfrac{1}{6}), & \dfrac{7}{8} \leqslant t \leqslant 1 \end{cases} \tag{2.71}$$

经过仿真,以经纬仪转位为例,转位运动轨迹 S 曲线如图 2.25 所示。

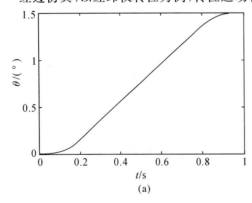 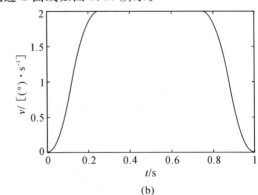

图 2.25 运动轨迹规划 S 曲线

(a)角度曲线;(b)角速度曲线;

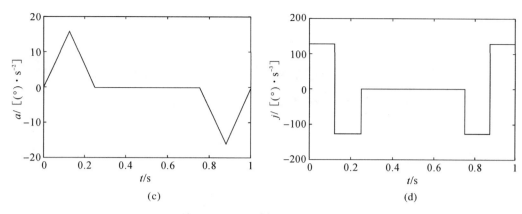

续图 2.25　运动轨迹规划 S 曲线

(c)角加速度曲线；(d)冲击曲线

由图 2.25 的仿真曲线可以看出：运行的最大加速度为 $16°/s^2$，小于系统所允许的最大加速度；运行的最大速度为 $2°/s$，满足系统的运行要求。根据以上分析，规划后的轨迹满足系统时间最优的要求。

比较 S 曲线和 T 曲线可以发现，二者最突出的特点在于 S 曲线在角加减速阶段角速度曲线平滑过渡，并且角加速度曲线连续，对 T 曲线存在的冲击点做了平滑处理，有效避免了柔性冲击，减小了启停时的冲击，非常适合快速加减速运动；同样可以看出，S 曲线的角加加速度不连续，在角加速度峰值点和过零点处没有实现平滑过渡，存在突变现象，影响了系统柔性，但运动系统惯性和系统阻尼等因素可以使运动冲击和振动大大减弱。因此，S 曲线很适合具有加减速段的高速度、高精度运动控制方法。

采用相同的分析方法，也可获得 4 阶轨迹规划曲线的角度、角速度、角加速度、冲击，可以发现它们处处连续，且其运动性能均优于 T 曲线、S 曲线，但 4 阶曲线的算法较复杂，不容易实现。以上分析表明，n 越大，运动性能越好。理论上，多项式的幂次和所能满足的给定条件是不受限制的。实际上，幂次比较高的多项式算法复杂，不容易实现，尤其是要将加减速曲线进行数字化处理时很困难。本书中分析的几种加减速控制曲线分别适合于控制要求不同的运动系统，其中 S 曲线加减速（$n=3$）控制速度在变化中比较平滑，对于具有匀速段的控制要求的轨迹规划算法比较简单，可以实现加减速曲线离散化。

总之，采用基于匀速段的 3 阶经纬仪精密点对点转位运动轨迹规划算法要求 $T=1$ s 内经纬仪转位完成 $1.5°$，在此最优化时间的基础上获得最小冲击，且存在一段匀速运动过程，能平稳起动和停止，其角加速度最大值较小。经过分析可知，系统选择的电机额定扭矩和额定速度满足要求。

2.5　本　章　小　结

本章分别以经纬仪转位和起竖系统为例，在介绍经纬仪和起竖系统组成和工作原理的基础上，建立了机电转位控制系统的数学模型，经分析发现系统不确定性对转位控制性能具有较大影响。基于匀速段的 3 阶点对点运动轨迹规划算法，能够提高转位稳定性，适合转位运动，轨迹规划的结果将作为转位控制系统的目标信号，为研究转位运动过程的精确控制打下基础。

第3章 基于动态面的转位系统自适应滑模控制

3.1 引　　言

滑模变结构控制具有算法简单、响应快速、易于实现、鲁棒性强等特点,但该控制方法需要系统模型具有标准的正则形式,对于高阶系统化为标准形式比较复杂,限制了其进一步的推广应用。20 世纪 90 年代初,I. Kanellakopoulos 和 P. V. Kokotovic 提出了一种 Backstepping 的逐步递推控制方法,即反步法。但反步法在求解过程中存在两个问题:①在求解虚拟控制项的导数时,会引起项数的膨胀,而且需要求解高阶导数,致使计算比较麻烦;②反步法需要精确的模型信息,而转位系统一般是复杂的非线性系统,且存在参数不确定性和环境干扰,使反步法难以实现精确控制。

针对以上问题,本章在反步法的基础上,结合滑模控制和自适应控制,设计了反步自适应滑模控制器,并通过仿真验证了控制器的有效性。以此为基础,针对反步法中的第一个问题,引入动态面控制,设计了一种动态面自适应滑模控制器,通过一阶积分滤波器来求解反步法中虚拟控制项的导数,简化了控制器的设计过程,且自适应算法能实现参数的在线估计,仿真结果证明该控制器能精确跟踪目标信号,对负载变化和环境变化引起的不确定性具有自适应性和鲁棒性。

3.2 反步自适应滑模控制

3.2.1 反步法的基本原理

反步法的基本思想是将复杂的非线性系统进行分解,变成低于系统阶数的子系统,而后根据李亚普诺夫稳定性理论,为每个子系统设计李亚普诺夫函数和中间虚拟控制量,逐步递推"后退"到整个系统,直到完成整个控制律的设计。下述以二阶系统为例进行说明。

假设被控对象为

$$\left.\begin{array}{l}\dot{x}_1 = x_2 \\ \dot{x}_2 = Ax_2 + Bu\end{array}\right\} \tag{3.1}$$

式中:A、B 为系统参数,且 $B \neq 0$。

定义跟踪误差 $e_1 = x_1 - x_d$，其中 x_d 为要跟踪的目标信号，则

$$\dot{e}_1 = \dot{x}_1 - \dot{x}_d = x_2 - \dot{x}_d \tag{3.2}$$

反步控制方法设计步骤分为以下两步。

（1）定义 Lyapunov 函数为

$$V_1 = \frac{1}{2}e_1^2 \tag{3.3}$$

对式（3.3）求导得

$$\dot{V}_1 = e_1 \dot{e}_1 = e_1(x_2 - \dot{x}_d) \tag{3.4}$$

取 $x_2 = -c_1 e_1 + \dot{x}_d + e_2$，其中 $c_1 > 0$，e_2 为虚拟控制量，且 $e_2 = x_2 + c_1 e_1 - \dot{x}_d$。则

$$\dot{V}_1 = -c_1 e_1^2 + e_1 e_2 \tag{3.5}$$

根据李亚普诺夫稳定性理论，只有当 $\dot{V}_1 \leqslant 0$ 时，误差 e_1 才渐进稳定，所以还需要下一步的设计。

（2）定义 Lypaunov 函数为

$$V_2 = V_1 + \frac{1}{2}e_2^2 \tag{3.6}$$

由式（3.1）得

$$\dot{e}_2 = Ax_2 + Bu + c_1 \dot{e}_1 - \ddot{x}_d \tag{3.7}$$

对式（3.6）求导，并将式（3.7）代入得

$$\dot{V}_2 = \dot{V}_1 + e_2 \dot{e}_2 = -c_1 e_1^2 + e_1 e_2 + e_2(Ax_2 + Bu + c_1 \dot{e}_1 - \ddot{x}_d) \tag{3.8}$$

为使 $\dot{V}_2 \leqslant 0$，设控制器为

$$u = B^{-1}(-Ax_2 - c_1 \dot{e}_1 + \ddot{x}_d - c_2 e_2 - e_1) \tag{3.9}$$

式中：$c_2 > 0$。

将控制器 u 代入式（3.8），得

$$\dot{V}_2 = -c_1 e_1^2 - c_2 e_2^2 \leqslant 0 \tag{3.10}$$

可以看出反步法是通过逐步递推得到控制律，通过对控制律的设计，使系统满足了李亚普诺夫稳定性条件，e_1、e_2 渐进稳定，从而保证系统具有全局意义下的渐近稳定性，且跟踪误差 e_1 以指数形式渐近收敛于零。

3.2.2　反步滑模控制器的设计

控制律式（3.9）的不足之处在于对模型干扰没有鲁棒性，并且还需要知道精确的模型信息。如果将反步法和滑模控制相结合，则能扩大应用范围，提高控制的鲁棒性。

假设系统扰动为 $d(t)$，被控对象为

$$\left. \begin{array}{l} \dot{x}_1 = x_2 \\ \dot{x}_2 = Ax_2 + Bu + d(t) \end{array} \right\} \tag{3.11}$$

式中：$|d(t)| \leqslant D$。

考虑 3.2.1 节反步控制的第二步，结合滑模变结构控制定义滑动面为

$$s = k_1 e_1 + e_2, \quad k_1 > 0 \tag{3.12}$$

定义 Lyapunov 函数为

$$V_2 = V_1 + \frac{1}{2} s^2 \tag{3.13}$$

对式(3.13)求导,得

$$\dot{V}_2 = \dot{V}_1 + s\dot{s} = e_1 e_2 - c_1 e_1^2 + s\dot{s} = e_1 e_2 - c_1 e_1^2 + s(k_1 \dot{e}_1 + \dot{e}_2) = \\ e_1 e_2 - c_1 e_1^2 + s[k_1(e_2 - c_1 e_1) + A(e_2 + \dot{x}_d - c_1 e_1) + Bu + d(t) - \ddot{x}_d + c_1 \dot{e}_1] \tag{3.14}$$

根据李亚普诺夫稳定性理论和滑模控制理论,为使 $\dot{V}_2 \leqslant 0$,设计控制器为

$$u = B^{-1}[-k_1(e_2 - c_1 e_1) - A(e_2 + \dot{x}_d - c_1 e_1) - c_1 \dot{e}_1 + \ddot{x}_d - hs - \eta \mathrm{sgn}(s)] \tag{3.15}$$

式中:$h > 0$;$\eta \geqslant D$。

将控制器(3.15)代入式(3.14),得

$$\dot{V}_2 = e_1 e_2 - c_1 e_1^2 - hs^2 - \eta |s| + sd(t) \leqslant e_1 e_2 - c_1 e_1^2 - hs^2 \tag{3.16}$$

由于

$$\boldsymbol{e}^{\mathrm{T}} \boldsymbol{Q} \boldsymbol{e} = [e_1 \ e_2] \begin{bmatrix} c_1 + h k_1^2 & h k_1 - 1/2 \\ h k_1 - 1/2 & h \end{bmatrix} [e_1 \ e_2]^{\mathrm{T}} \\ = c_1 e_1^2 - e_1 e_2 + h s^2 \tag{3.17}$$

如果保证 $\boldsymbol{Q}$ 为正定矩阵,则有 $\dot{V}_2 \leqslant -\boldsymbol{e}^{\mathrm{T}} \boldsymbol{Q} \boldsymbol{e} \leqslant 0$,因为 $|\boldsymbol{Q}| = h(c_1 + k_1) - 1/4$,所以只要合理选取参数 h,c_1 和 k_1,就可以保证 $\boldsymbol{Q}$ 为正定矩阵,从而保证 $\dot{V}_2 \leqslant 0$。可见,反步滑模控制对模型干扰有一定的鲁棒性。

3.2.3 反步自适应滑模控制器的设计

从控制器的设计可以看出,反步滑模控制仍然是基于模型的控制,滑模控制有一定的抗干扰能力,但在实际控制过程中,模型的不确定性和外加干扰通常未知,总不确定性的上界很难确定,所以加入自适应控制,用自适应律实现参数及外部环境不确定性的估计,提高控制器的抗干扰特性。

设被控对象为

$$\left. \begin{array}{l} \dot{x}_1 = x_2 \\ \dot{x}_2 = A x_2 + Bu + F \end{array} \right\} \tag{3.18}$$

式中:F 为总不确定性,$F = \Delta A x_2 + \Delta Bu + d(t)$,$|F| \leqslant D$;$\Delta A$,$\Delta B$ 为参数不确定部分。假设参数的不确定性和外加干扰都是慢时变的,即 $\dot{F} = 0$。

考虑反步滑模控制器的设计,定义 Lyapunov 函数为

$$V_3 = V_2 + \frac{1}{2\gamma} \tilde{F}^2 \tag{3.19}$$

式中:$\tilde{F}$ 为 F 的估计误差,且 $\tilde{F} = F - \hat{F}$,$\hat{F}$ 为 F 的估计值;γ 为大于零的常数。

对式(3.19)求导,得

$$\dot{V}_3 = \dot{V}_2 - \widetilde{F}\dot{\hat{F}}/\gamma$$

$$= e_1 e_2 - c_1 e_1^2 + s[k_1(e_2 - c_1 e_1) + A(e_2 + \dot{x}_d - c_1 e_1) + Bu + F - \ddot{x}_d + c_1 \dot{e}_1] - \widetilde{F}\dot{\hat{F}}/\gamma$$

$$= e_1 e_2 - c_1 e_1^2 + s[k_1(e_2 - c_1 e_1) + A(e_2 + \dot{x}_d - c_1 e_1) + Bu + \hat{F} - \ddot{x}_d + c_1 \dot{e}_1] - \widetilde{F}(\dot{\hat{F}} + \gamma s)/\gamma$$

$$(3.20)$$

设计自适应控制器为

$$u = B^{-1}[-k_1(e_2 - c_1 e_1) - A(e_2 + \dot{x}_d - c_1 e_1) - \hat{F} - c_1 \dot{e}_1 + \ddot{x}_d - hs - \eta \operatorname{sgn}(s)] \quad (3.21)$$

不确定性 F 的自适应律设计为

$$\dot{\hat{F}} = -\gamma s \qquad (3.22)$$

将式(3.21)和式(3.22)代入式(3.20),得

$$\dot{V}_3 = e_1 e_2 - c_1 e_1^2 - hs^2 = -\boldsymbol{e}^\mathrm{T} \boldsymbol{Q} \boldsymbol{e} \qquad (3.23)$$

同理,只要保证 $\boldsymbol{Q}$ 为正定矩阵,则有 $\dot{V}_3 \leqslant 0$。

3.3　基于反步自适应滑模的起竖过程控制

就起竖系统来说,模型结构已知,但系统的参数具有不确定性及慢时变特性,且在不同的环境下工作,存在不同程度的干扰,所以本节研究基于反步自适应滑模的起竖系统控制。

3.2.1　控制器的设计

设系统总不确定性为 D,则起竖系统的模型为

$$\left.\begin{array}{l} \dot{x}_1 = x_2 \\ \dot{x}_2 = x_3 \\ \dot{x}_3 = a_1 x_2 + a_2 x_3 + g(x_v)u/a_3 + a_4 + D \end{array}\right\} \qquad (3.24)$$

式中: $D = \Delta a_1 x_2 + \Delta a_2 x_3 + g(x_v)u/\Delta a_3 + \Delta a_4 + d(t)$,包括参数不确定性部分和环境干扰部分 $d(t)$。

以单级液压缸起竖系统为控制对象进行研究,设起竖目标角度信号为 θ_d,液压缸活塞杆伸出位移参考信号为 x_d,则二者有以下关系:

$$x_d = \sqrt{l_1^2 + l_2^2 - 2l_1 l_2 \cos(\theta + \theta_0)} - l_5 \qquad (3.25)$$

起竖系统反步自适应滑模控制器设计如下。

(1)设活塞杆位移跟踪误差为 $e_1 = x_1 - x_d$,则 $\dot{e}_1 = x_2 - \dot{x}_d$,定义 Lyapunov 函数为

$$V_1 = \frac{1}{2} e_1^2 \geqslant 0 \qquad (3.26)$$

对式(3.26)求导得

$$\dot{V}_1 = e_1(x_2 - \dot{x}_d) \tag{3.27}$$

取 $x_2 = -k_1 e_1 + \dot{x}_d + e_2$，$(k_1 > 0)$，其中 e_2 为虚拟控制项，$e_2 = x_2 + k_1 e_1 - \dot{x}_d$，则 $\dot{e}_1 = x_2 - \dot{x}_d = e_2 - k_1 e_1$，$\ddot{e}_1 = x_3 - \ddot{x}_d$，且

$$\dot{V}_1 = -k_1 e_1^2 + e_1 e_2 \tag{3.28}$$

（2）对 e_2 求导，有 $\dot{e}_2 = x_3 - \ddot{x}_d + k_1 \dot{e}_1$，定义 Lyapunov 函数为

$$V_2 = V_1 + \frac{1}{2} e_2^2 \geqslant 0 \tag{3.29}$$

对式（3.29）求导，得

$$\dot{V}_2 = \dot{V}_1 + e_2 \dot{e}_2 = -k_1 e_1^2 + e_1 e_2 + e_2(x_3 - \ddot{x}_d + k_1 \dot{e}_1) \tag{3.30}$$

取 $x_3 = -k_2 e_2 + \ddot{x}_d - k_1 \dot{e}_1 - e_1 + e_3$，$(k_2 > 0)$，其中 e_3 为虚拟控制项，则

$$\dot{V}_2 = -k_1 e_1^2 - k_2 e_2^2 + e_2 e_3 \tag{3.31}$$

（3）与滑模控制相结合，定义切换函数为

$$s = c_1 e_1 + c_2 e_2 + e_3 \tag{3.32}$$

式中：$c_1 > 0$，$c_2 > 0$，且根据滑模理论，c_1、c_2 要保证多项式 $p^2 + c_2 p + c_1$ 为 Hurwitz 多项式，也就是使 $p^2 + c_2 p + c_1 = 0$ 的特征值实数部分小于零。

对式（3.32）求导，得

$$\dot{s} = c_1 \dot{e}_1 + c_2 \dot{e}_2 + (\dot{x}_3 - \dddot{x}_d + k_1 \ddot{e}_1 + k_2 \dot{e}_2 + \dot{e}_1) \tag{3.33}$$

定义 Lyapunov 函数为

$$V_3 = V_2 + \frac{1}{2} s^2 \geqslant 0 \tag{3.34}$$

对式（3.34）求导，得

$$\dot{V}_3 = -k_1 e_1^2 - k_2 e_2^2 + e_2 e_3 + s[c_1 \dot{e}_1 + c_2 \dot{e}_2 + a_1 x_2 + a_2 x_3 + g(x_v)u/a_3 + a_4 + D - \dddot{x}_d + k_1 \ddot{e}_1 + k_2 \dot{e}_2 + \dot{e}_1] \tag{3.35}$$

（4）加入自适应控制来实现对总不确定性 D 的在线估计。设 D 的变化具有慢时变特性，即 $\dot{D} = 0$。

定义 Lyapunov 函数为

$$V_4 = V_3 + \frac{1}{2\gamma} \tilde{D}^2 \geqslant 0 \tag{3.36}$$

式中：$\tilde{D}$ 为估计误差，且 $\tilde{D} = D - \hat{D}$，$\hat{D}$ 为 D 的估计值；γ 为正的常数。

对式（3.36）求导，得

$$\dot{V}_4 = \dot{V}_3 + \tilde{D}\dot{\hat{D}}/\gamma = -k_1 e_1^2 - k_2 e_2^2 + e_2 e_3 + s[c_1 \dot{e}_1 + c_2 \dot{e}_2 + a_1 x_2 + a_2 x_3 + g(x_v)u/a_3 + a_4 + \hat{D} - \dddot{x}_d + k_1 \ddot{e}_1 + k_2 \dot{e}_2 + \dot{e}_1] - \tilde{D}(\dot{\hat{D}} + \gamma s) \tag{3.37}$$

设计自适应滑模控制器为

$$u = a_3[\ddot{x}_d - c_1 \dot{e}_1 - c_2 \dot{e}_2 - a_1 x_2 - a_2 x_3 - a_4 - \hat{D} - k_1 \ddot{e}_1 - k_2 \dot{e}_2 - \dot{e}_1 - k_3 s - k_4 \text{sgn}(s)]/g(x_v) \tag{3.38}$$

式中：$k_3>0$；$k_4>0$。

设计自适应律为

$$\dot{\tilde{D}}=-\gamma s \tag{3.39}$$

3.2.2　稳定性分析

将式(3.39)和式(3.38)代入式(3.37)，得

$$\dot{V}_4=-k_1e_1^2-k_2e_2^2+e_2e_3-k_3s^2-k_4|s|=-e^{\mathrm{T}}Qe-k_4|s| \tag{3.40}$$

式中：$e=\begin{bmatrix}e_1 & e_2 & e_3\end{bmatrix}^{\mathrm{T}}$；$Q=\begin{bmatrix}k_1+k_3c_1^2 & c_1c_2k_3 & c_1k_3 \\ c_1c_2k_3 & k_2+k_3c_2^2 & c_2k_3-\dfrac{1}{2} \\ c_1k_3 & c_2k_3-\dfrac{1}{2} & k_3\end{bmatrix}$。

对于起竖系统[式(3.24)]，取控制律和自适应律分别为式(3.38)和式(3.39)，并选择参数 $c_1,c_2,k_i(i=1,2,3)$ 满足不等式：

$$\left.\begin{array}{l}k_1k_2+k_1k_3c_2^2+k_2k_3c_1^2>0 \\ k_1k_2k_3+k_1k_3c_2-(k_1+k_3c_1^2)/4>0\end{array}\right\} \tag{3.41}$$

则系统的跟踪误差是收敛的，系统具有渐近稳定性，以下是其证明过程。

当控制器参数 $c_1,c_2,k_i(i=1,2,3)$ 满足式(3.41)时，则矩阵 Q 的各阶主子式都大于零，所以 Q 是正定的。

如果令 $M=e^{\mathrm{T}}Qe$，则 $\dot{V}_4\leqslant-M$，所以 $\lim\limits_{t\to\infty}\int_0^t M\mathrm{d}t\leqslant V(0)-V(\infty)$。因为 e_1、e_2、e_3 及 $\tilde{D}$ 都是有界的，所以 V 也是有界的，根据 Barbalat 定理，有 $\lim\limits_{t\to\infty}M=0$，$\lim\limits_{t\to\infty}e_i=0(i=1,2,3)$，即系统的跟踪误差是收敛的，系统具有渐近稳定性，控制器可以实现对起竖目标信号的渐近跟踪。

3.2.3　仿真验证

在仿真验证之前，需要确定起竖参考信号 θ_d，综合考虑实际装备中对起竖速度、加速度的要求和液压系统所能承受的压力、流量等因素，一般采用匀加速—匀速—匀减速的角速度曲线，但从仿真结果来看，因为角加速度曲线不连续，起竖过程中带有振动，给装备仪器带来了安全隐患。所以在匀加速—匀速—匀减速角速度曲线基础上，对曲线进行了平滑，改进后的角度曲线和角速度曲线如图 3.1 中实线所示，图中虚线为匀加速—匀速—匀减速参考曲线。

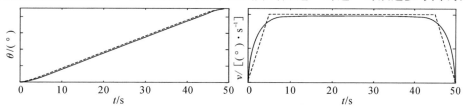

图 3.1　理想起竖角度、角速度曲线

以 Matlab/Simulink 软件为平台,在第 2 章总体模型的基础上建立仿真模型,所设计的控制算法通过编写 S 函数实现。反步自适应滑模控制器的设计参数如下:

$k_1 = 1\ 540; k_2 = 2\ 000; k_3 = 1\ 800; k_4 = 10; c_1 = 1; c_2 = 2; \gamma = 0.003$。

假设系统总不确定性 $D = 6\ 000\sin(0.1\pi t)$,在零初始条件下,用所设计的反步自适应滑模控制器对目标曲线进行跟踪控制,得到结果如图 3.2~图 3.9 所示,图 3.2 和图 3.4 中虚线为目标曲线,实线为实际跟踪曲线。

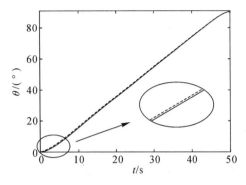

图 3.2　起竖角度曲线

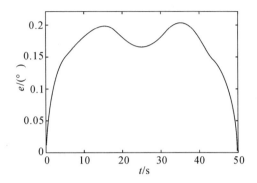

图 3.3　起竖角度误差曲线

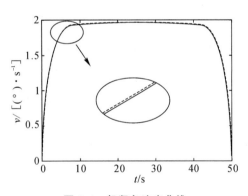

图 3.4　起竖角速度曲线

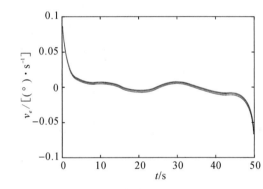

图 3.5　起竖角速度误差曲线

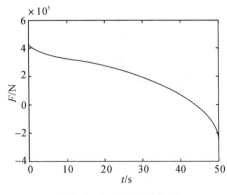

图 3.6　起竖力变化曲线

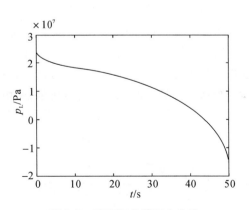

图 3.7　液压缸负载压力曲线

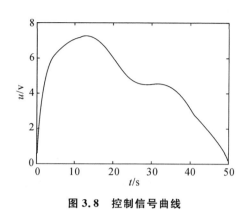
图 3.8　控制信号曲线

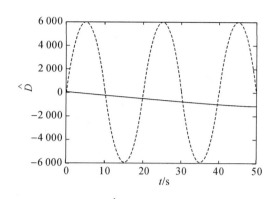
图 3.9　$\hat{D}$ 的自适应变化曲线

由仿真结果可以看出,在系统存在不确定性的情况下,所设计的反步自适应滑模控制器是渐进稳定的,能够较快地跟踪目标信号。由图 3.2～图 3.5 可以看出,反步自适应滑模控制器有较高的控制精度,角度的最大跟踪误差为 0.203 4°,起竖到 90°后的误差为 0.013 8°,符合起竖控制和到位精度的要求,角速度的最大跟踪误差为 0.084 1°/s,也有较高的跟踪精度,但角速度曲线带有一定的振动;图 3.6 和图 3.7 分别是起竖力变化曲线和液压缸负载力曲线,可以看出二者的变化是相似的,这里的起竖力要比第 2 章中的大,是因为起竖臂在非匀速条件下运动,当起竖到一定角度液压缸负载压力变为负值,这是在仿真条件下得到的,实际中为了防止液压缸受拉力,在反腔加一背压,从而使液压缸的输出力始终为推力;图 3.8 是控制信号曲线,可以看出曲线比较平滑,这也说明所设计的反步自适应滑模控制器克服了常规滑模的抖振现象,更利于实际应用;图 3.9 是总不确定性 $\hat{D}$ 的自适应变化曲线,说明该控制器能对不确定性实现在线估计,从而消除不确定性的影响,提高了控制的精度和鲁棒性。

3.4　动态面自适应滑模控制

3.4.1　问题的提出

对于非线性系统控制,通过反步法实现系统的鲁棒控制有独特的优势,但在虚拟控制求导过程中会引起微分项的膨胀,控制器的表达式变得非常复杂,如 3.2.1 节中的式(3.38)所示,可以看出还需要知道参考信号的高阶导数,这在实际中是很难实现的,高阶系统中这一缺点尤为突出。采用动态面的控制方法,通过一阶积分滤波器来求解虚拟控制项的导数,可避免复杂的微分计算,简化控制器的设计过程。下述以二阶系统为例进行分析。

假设被控对象为

$$\left.\begin{aligned} \dot{x}_1 &= x_2 \\ \dot{x}_2 &= f(x,t) + b(x,t)u \end{aligned}\right\} \tag{3.42}$$

式中: $b(x,t) \neq 0$。

3.4.2 动态面控制器的设计

动态面控制器的设计主要步骤如下。

(1)设位置跟踪误差为 $e_1 = x_1 - x_d$，则 $\dot{e}_1 = x_2 - \dot{x}_d$。定义 Lyapunov 函数为

$$V_1 = \frac{1}{2}e_1^2 \geqslant 0 \tag{3.43}$$

对其求导得，$\dot{V}_1 = e_1(x_2 - \dot{x}_{1d})$，定义 $e_2 = x_2 - \alpha_1$，则 $\dot{V}_1 = e_1(e_2 + \alpha_1 - \dot{x}_{1d})$。需要说明的是，在反步滑模设计中，取 $\alpha_1 = -c_1 e_1 + \dot{x}_{1d}$，导致在后面求 $\dot{\alpha}_1$ 时出现微分爆炸，通过采用一阶低通滤波器可克服这一缺点。

取 α_1 为 $\bar{x}_2$ 的低通滤波器 $\dfrac{1}{\tau s + 1}$ 的输出，定义 $\bar{x}_2 = -c_1 e_1 + \dot{x}_{1d}$，并满足

$$\left. \begin{aligned} \tau \dot{\alpha}_1 + \alpha_1 &= \bar{x}_2 \\ \alpha_1(0) &= \bar{x}_2(0) \end{aligned} \right\} \tag{3.44}$$

可得 $\dot{\alpha}_1 = (\bar{x}_2 - \alpha_1)/\tau$，设产生的滤波误差为 $y_1 = \alpha_1 - \bar{x}_2$。

(2)考虑到位置跟踪误差、虚拟控制和滤波误差，定义 Lyapunov 函数为

$$V = \frac{1}{2}e_1^2 + \frac{1}{2}e_2^2 + \frac{1}{2}y_1^2 \tag{3.45}$$

由于 $\dot{e}_2 = \dot{x}_2 - \dot{\alpha}_1 = f(x,t) + b(x,t)u - \dot{\alpha}_1$，$\dot{y}_2 = \dfrac{\bar{x}_2 - \alpha_1}{\tau} - \dot{x}_2 = \dfrac{-y_2}{\tau} + c_1\dot{e}_1 - \ddot{x}_{1d}$，则有

$$\dot{V} = e_1(e_2 + y_1 + \bar{x}_2 - \dot{x}_{1d}) + e_2[f(x,t) + b(x,t)u - \dot{\alpha}_1 + y_1(-y_1/\tau + c_1\dot{e}_1 - \ddot{x}_{1d})] \tag{3.46}$$

可得设计控制器为

$$u = \frac{1}{b(x,t)}[-f(x,t) + \dot{\alpha}_1 - c_2 e_2] \tag{3.47}$$

这里只给出了控制器的表达式，稳定性证明将以后面起竖系统控制为例给出推导过程，在此不再赘述。

3.4.3 动态面滑模控制器

和反步控制一样，动态面控制仍是基于精确模型的控制，对系统的干扰没有鲁棒性，所以和滑模控制相结合，提高控制器的抗干扰能力。

设模型扰动为 $d(t)$，控制对象变为

$$\left. \begin{aligned} \dot{x}_1 &= x_2 \\ \dot{x}_2 &= f(x,t) + b(x,t)u + d(t) \end{aligned} \right\} \tag{3.48}$$

式中: $b(x,t) \neq 0$; $|d(t)| \leqslant D$。

考虑动态面控制的第二步，结合滑模变结构控制定义滑动面 $s = e_2$，仍按式(3.45)定义

Lyapunov 函数 $V = \dfrac{1}{2} e_1^2 + \dfrac{1}{2} e_2^2 + \dfrac{1}{2} y_1^2$，则设计的动态面滑模控制器为

$$u = \frac{1}{b(x,t)} \left[-\eta \operatorname{sgn}(s) - f(x,t) + \dot{\alpha}_1 - c_2 e_2 \right] \tag{3.49}$$

式中：c_2 为大于零的常数；$\eta \geqslant |D|$。

3.5　基于动态面自适应滑模的起竖过程控制

动态面滑模控制对干扰有一定的鲁棒性，但对于参数不确定性和外部环境干扰上界未知或干扰较大时，控制性能不能满足要求，所以加入自适应控制，通过自适应律实现未知参数和环境干扰的在线估计，以消除系统不确定性带来的影响。

3.4.1　控制器的设计

起竖系统动态面自适应滑模控制器的设计步骤如下。

(1)与反步控制一样，定义活塞杆位移跟踪误差 $e_1 = x_1 - x_{1d}$，x_{1d} 为参考信号。则 $\dot{e}_1 = x_2 - \dot{x}_{1d}$，定义 Lyapunov 函数为

$$V_1 = \frac{1}{2} e_1^2 \geqslant 0 \tag{3.50}$$

对式(3.50)求导，得

$$\dot{V}_1 = e_1 \dot{e}_1 = e_1 (x_2 - \dot{x}_{1d}) \tag{3.51}$$

定义虚拟控制 $\bar{x}_2 = -c_1 e_1 + \dot{x}_{1d}$，$c_1 > 0$，根据动态面控制理论，通过一阶积分滤波器来求解 $\bar{x}_2$ 的导数，取 x_{2d} 为 $\bar{x}_2$ 的低通滤波器 $\dfrac{1}{\tau_1 s + 1}$ 的输出，并满足下列方程：

$$\left. \begin{array}{r} \tau_1 \dot{x}_{2d} + x_{2d} = \bar{x}_2 \\ x_{2d}(0) = \bar{x}_2(0) \end{array} \right\} \tag{3.52}$$

式中：τ_1 为常数。

(2)定义 $e_2 = x_2 - x_{2d}$，并对其求导得

$$\dot{e}_2 = \dot{x}_2 - \dot{x}_{2d} = x_3 - \dot{x}_{2d} \tag{3.53}$$

定义 Lyapunov 函数为

$$V_2 = \frac{1}{2} e_2^2 \geqslant 0 \tag{3.54}$$

对式(3.54)求导，得

$$\dot{V}_2 = e_2 \dot{e}_2 = e_2 (x_3 - \dot{x}_{2d}) \tag{3.55}$$

为使 $\dot{V}_2 \leqslant 0$，定义虚拟控制 $\bar{x}_3 = -c_2 e_2 + \dot{x}_{2d}$，$c_2$ 为大于零的常数。设 x_{3d} 为 $\bar{x}_3$ 的低通滤波器 $\dfrac{1}{\tau_2 s + 1}$ 的输出，并满足下列方程：

$$\tau_2 \dot{x}_{3d} + x_{3d} = \bar{x}_3$$
$$x_{3d}(0) = \bar{x}_3(0) \tag{3.56}$$

式中: τ_2 为常数。

(3)定义 $e_3 = x_3 - x_{3d}$，这一步与滑模控制相结合，根据滑模控制理论定义滑模面:

$$s = k_1 e_1 + k_2 e_2 + e_3 \tag{3.57}$$

式中: $k_1 > 0, k_2 > 0$，且保证多项式 $p^2 + k_2 p + k_1$ 为 Hurwitz 稳定，这里取 $k_1 = k^2, k_2 = 2k, k > 0$。

根据第 2 章系统模型(2.33)，对式(3.57)求导得

$$\dot{s} = k^2(x_2 - \dot{x}_{1d}) + 2k(x_3 - \dot{x}_{2d}) + a_1 x_2 + a_2 x_3 + g(x_v)u/a_3 + a_4 - \dot{x}_{3d} \tag{3.58}$$

为了避免在后面的自适应律设计中含有控制量 u 而使控制器设计变得复杂，且考虑参数 a_3 是大于零的，取 Lypaunov 函数为

$$V_3 = \frac{1}{2} a_3 s^2 \geqslant 0 \tag{3.59}$$

对式(3.59)求导，得

$$\dot{V}_3 = s[a_3 k^2(x_2 - \dot{x}_{1d}) + 2a_3 k(x_3 - \dot{x}_{2d}) + a_1 a_3 x_2 + a_2 a_3 x_3 + g(x_v)u + a_3 a_4 - a_3 \dot{x}_{3d}] \tag{3.60}$$

令 $\xi_1 = a_1 a_3, \xi_2 = a_2 a_3, \xi_3 = a_3 a_4$，则式(3.60)变为

$$\dot{V}_3 = s[a_3 k^2(x_2 - \dot{x}_{1d}) + 2a_3 k(x_3 - \dot{x}_{2d}) + \xi_1 x_2 + \xi_2 x_3 + g(x_v)u + \xi_3 - a_3 \dot{x}_{3d}] \tag{3.61}$$

(4)在上面的设计中，并没有考虑参数的不确定性，但在实际中参数 a_1、a_2、a_3、a_4 都是时变的，所以参数 ξ_1、ξ_2、ξ_3 也是时变的，且变化的上界都很难确定，因此，加入自适应控制来实现参数的在线估计。

假设参数 ξ_1, ξ_2, ξ_3, a_3 都有界，且估计值 $\hat{\xi}_1$、$\hat{\xi}_2$、$\hat{\xi}_3$、$\hat{a}_3$ 也都是有界的。

设参数 ξ_1、ξ_2、ξ_3、a_3 的估计误差为 $\tilde{\xi}_1$、$\tilde{\xi}_2$、$\tilde{\xi}_3$、$\tilde{a}_3$ 且 $\tilde{\xi}_i = \xi_i - \hat{\xi}_i (i=1,2,3)$，$\tilde{a}_3 = a_3 - \hat{a}_3$。为了得到控制器的参数自适应律，定义 Lyapunov 函数为

$$V_4 = \frac{1}{2}(a_3 s^2 + \lambda_1 \tilde{\xi}_1^2 + \lambda_2 \tilde{\xi}_2^2 + \lambda_3 \tilde{\xi}_3^2 + \lambda_4 \tilde{a}_3^2) \geqslant 0 \tag{3.62}$$

式中: λ_1、λ_2、λ_3、λ_4 均为大于零的常数。

对式(3.62)求导得

$$\dot{V}_4 = s[a_{i3} k^2(x_2 - \dot{x}_{1d}) + 2a_3 k(x_3 - \dot{x}_{2d}) + \xi_1 x_2 + \xi_2 x_3 + g(x_v)u + \xi_3 - a_3 \dot{x}_{3d}] + \lambda_1 \tilde{\xi}_1(-\dot{\hat{\xi}}_1) + \lambda_2 \tilde{\xi}_2(-\dot{\hat{\xi}}_2) + \lambda_3 \tilde{\xi}_3(-\dot{\hat{\xi}}_3) + \lambda_4 \tilde{a}_3(-\dot{\hat{a}}_3) \tag{3.63}$$

根据李亚普诺夫稳定性理论，为使 $\dot{V}_4 \leqslant 0$，控制器 u 设计为

$$u = [a_3 \dot{x}_{3d} - a_3 k^2(x_2 - \dot{x}_{1d}) - 2a_3 k(x_3 - \dot{x}_{2d}) - \xi_1 x_2 - \xi_2 x_3 - \xi_3 - \varepsilon s - \eta \, \mathrm{sgn}(s)]/g(x_v) \tag{3.64}$$

式中: ε, η 为大于零的常数。

考虑到参数 ξ_1、ξ_2、ξ_3、a_3 的不确定性，将各参数的估计值代入控制器，同时为了削弱抖振的影响，常用饱和函数 $\mathrm{sat}(s)$ 代替理想滑动模态中的符号函数 $\mathrm{sgn}(s)$，可得控制器

$$u = [\hat{a}_3 \dot{x}_{3d} - \hat{a}_3 k^2(x_2 - \dot{x}_{1d}) - 2\hat{a}_3 k(x_3 - \dot{x}_{2d}) - \hat{\xi}_1 x_2 - \hat{\xi}_2 x_3 - \hat{\xi}_3 - \varepsilon s - \eta \, \mathrm{sat}(s)]/g(x_v) \tag{3.65}$$

式中：$\mathrm{sat}(s) = \begin{cases} 1, & s > \Delta \\ s/\Delta, & |s| \leqslant \Delta \\ -1, & s < -\Delta \end{cases}$，$\Delta$ 为滑模面的边界层厚度，$\Delta > 0$。

从式(3.65)可以看出，通过加入动态面控制，控制器表达式明显比反步自适应滑模控制器的简单，而且没有高阶导数，计算效率也明显提高。将控制器式(3.65)代入式(3.63)，得

$$\dot{V}_4 = -\varepsilon s^2 - \eta s \cdot \mathrm{sat}(s) + \widetilde{\xi}_1(sx_2 - \lambda_1 \dot{\hat{\xi}}_1) + \widetilde{\xi}_2(sx_3 - \lambda_2 \dot{\hat{\xi}}_2) + \widetilde{\xi}_3(s - \lambda_3 \dot{\hat{\xi}}_3) +$$
$$\widetilde{a}_3(k^2 s(x_2 - \dot{x}_{1d}) + 2ks(x_3 - \dot{x}_{2d}) - s\dot{x}_{3d} - \lambda_4 \dot{\hat{a}}_3) \qquad (3.66)$$

为使 $\dot{V}_4 \leqslant 0$，各参数的自适应律设计为

$$\left. \begin{array}{l} \dot{\hat{\xi}}_1 = \dfrac{1}{\lambda_1} sx_2 \\[2mm] \dot{\hat{\xi}}_2 = \dfrac{1}{\lambda_2} sx_3 \\[2mm] \dot{\hat{\xi}}_3 = \dfrac{1}{\lambda_3} s \\[2mm] \dot{\hat{a}}_3 = \dfrac{1}{\lambda_4}\big[k^2 s(x_2 - \dot{x}_{1d}) + 2ks(x_3 - \dot{x}_{2d}) - s\dot{x}_{3d} \big] \end{array} \right\} \qquad (3.67)$$

3.4.2　稳定性和收敛性分析

定义滤波误差为

$$y_i = x_{id} - \bar{x}_i, \quad i = 2,3 \qquad (3.68)$$

根据滤波器的设计可得

$$\left. \begin{array}{l} \dot{x}_{id} = -\dfrac{y_i}{\tau_i}, \quad i = 2,3 \\[2mm] \dot{y}_2 = \dot{x}_{2d} - \dot{\bar{x}}_2 = -\dfrac{y_2}{\tau_1} + c_1 \dot{e}_1 - \ddot{x}_{1d} = -\dfrac{y_2}{\tau_1} + c_1(e_2 + y_2 - c_1 e_1) - \ddot{x}_{1d} \\[2mm] \dot{y}_3 = \dot{x}_{3d} - \dot{\bar{x}}_3 = -\dfrac{y_3}{\tau_2} + c_2 \dot{e}_2 - \ddot{x}_{2d} = -\dfrac{y_3}{\tau_2} + c_2(e_3 + y_3 - c_2 e_2) + \dfrac{\dot{y}_2}{\tau_1} \end{array} \right\} \qquad (3.69)$$

定义 $B_2 = c_1 \dot{e}_1 - \ddot{x}_{1d}$，$B_3 = c_2 \dot{e}_2 - \ddot{x}_{2d}$，则 $\dot{y}_2$、$\dot{y}_3$ 可以表示为

$$\left. \begin{array}{l} \dot{y}_2 = -\dfrac{y_2}{\tau_1} + B_2(e_1, e_2, y_2, \ddot{x}_{1d}) \\[2mm] \dot{y}_3 = -\dfrac{y_3}{\tau_2} + B_3(e_1, e_2, e_3, y_2, y_3, \ddot{x}_{1d}) \end{array} \right\} \qquad (3.70)$$

考虑滤波误差，定义 Lyapunov 函数为

$$V = \frac{1}{2}\Big(a_3 s^2 + \sum_{i=1}^{3} \lambda_i \widetilde{\xi}_i^2 + \lambda_4 \widetilde{a}_3^2 + \sum_{i=2}^{3} y_i^2 \Big) \geqslant 0 \qquad (3.71)$$

针对起竖系统，对于 $V(0) \leqslant p$，p 为正实数，则闭环系统所有信号有界，跟踪误差收敛，其

证明过程如下。

当 $V=p$ 时，$V=\dfrac{1}{2}\left(a_3 s^2+\sum\limits_{i=1}^{3}\lambda_i\tilde{\xi}_i^2+\lambda_4\tilde{a}_3^2+\sum\limits_{i=2}^{3}y_i^2\right)=p$，因为 e_1、e_2、e_3、y_2、y_3、$\dot{x}_{1d}$、$\dot{x}_{2d}$

有界，所以 $B_i(i=2,3)$ 有界，假设上界为 M_i，即 $|B_i|\leqslant M_i$。

对式(3.71)求导得

$$\dot{V}=\dot{V}_4+y_2\dot{y}_2+y_3\dot{y}_3 \tag{3.72}$$

综合式(3.65)~式(3.67)、式(3.70)、式(3.72)，得

$$\dot{V}=-\varepsilon s^2-\eta s\cdot\mathrm{sat}(s)+\left(B_2 y_2-\frac{y_2^2}{\tau_1}\right)+\left(B_3 y_3-\frac{y_3^2}{\tau_2}\right) \tag{3.73}$$

因为 $B_2 y_2\leqslant\dfrac{B_2^2+y_2^2}{2}$，$B_3 y_3\leqslant\dfrac{B_3^2+y_3^2}{2}$，则

$$\dot{V}\leqslant-\varepsilon s^2-\eta s\cdot\mathrm{sat}(s)+\left(\frac{B_2^2+y_2^2}{2}-\frac{y_2^2}{\tau_1}\right)+\left(\frac{B_3^2+y_3^2}{2}-\frac{y_3^2}{\tau_2}\right) \tag{3.74}$$

取 $\dfrac{1}{\tau_1}\leqslant\dfrac{M_2^2+1}{2}$，$\dfrac{1}{\tau_2}\leqslant\dfrac{M_3^2+1}{2}$，则

$$\dot{V}\leqslant-\varepsilon s^2-\eta s\cdot\mathrm{sat}(s)\leqslant 0 \tag{3.75}$$

式(3.75)说明如果 $V(0)\leqslant p$，则 $V(t)\leqslant p$，也就是系统所有信号都是有界的。

根据李亚普诺夫稳定性理论，$V(t)$ 有界且 $\dot{V}(0)\leqslant 0$，则由 Barbalat 定理得，$\lim\limits_{t\to\infty}e_i=0(i=1,2,3)$，即系统的跟踪误差收敛，整个系统是渐近稳定的。

3.4.3　对比仿真验证

为了说明动态面自适应滑模控制器的控制效果，将该控制器和 PID 控制器、一般滑模控制器进行了对比仿真验证。实际中参数常存在慢时变特性，为了更接近实际情况，假设参数阻尼系数 B_c、弹性系数 β_e、与起竖臂质量 M、外界干扰 $d(t)$ 具有以下形式：

$$B_c(t)=B_{c0}+0.04B_{c0}\sin(0.2\pi t)$$
$$\beta_e(t)=\beta_{e0}+0.04\beta_{e0}\sin(0.2\pi t)$$
$$M(t)=M_0+0.04M_0\sin(0.2\pi t)$$
$$d(t)=4\,000\sin(0.2\pi t)$$

其中，B_{c0}，β_{e0}，M_0 为原始值，后一部分为参数的变化，所以参数 a_1，a_2，a_3，a_4，ξ_1，ξ_2，ξ_3 也是时变的。

经调试得到动态面自适应滑模控制器参数如下：

$k_1=1\times10^4$；$k_2=200$；$\varepsilon=1.2\times10^3$；$\eta=0.5$；$\tau_1=\tau_2=0.02$；$\Delta=0.3$；$\lambda_1=1\times10^{-9}$；$\lambda_2=5\times10^{-6}$；$\lambda_3=1.2$；$\lambda_4=20$。

对比仿真时用到的 PID 控制器，有

$$u_1(t)=k_p e(t)+k_i\int e(t)\mathrm{d}t+k_d\dot{e}(t) \tag{3.76}$$

式中：比例系数 $k_p=110$；积分系数 $k_i=25$；微分系数 $k_d=0.1$。

一般滑模控制器采用基于指数趋近律的滑模控制，即

$$\dot{s}=-\delta\mathrm{sgn}(s)-ks \tag{3.77}$$

式中：$\delta>0$；$k>0$。

根据滑模控制理论,设计的一般滑模控制器为

$$u_2(t)=a_3[k_1e_2+k_2e_3+\dddot{x}_d-a_1x_2-a_2x_3-a_4+ks+\delta\operatorname{sgn}(s)]/g(x_v) \tag{3.78}$$

式中:$s=k_1e_1+k_2e_2+e_3$;$e_1=x_d-x_1$;$e_2=\dot{x}_d-x_2$;$e_3=\ddot{x}_d-x_3$;x_d 为参考信号,且控制器的各参数取为 $\delta=4.1\times10^3$,$k=2.2$、$k_1=1\times10^6$,$k_2=2\times10^3$。

在零初始条件下,分别用设计的动态面自适应滑模控制器(图中用 DASMC 来表示)、PID 控制器和一般滑模控制器对图 3.1 中的目标信号进行跟踪控制,仿真结果如图 3.10~图 3.17 所示。

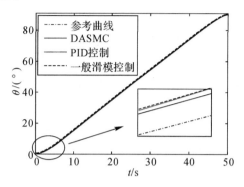

图 3.10　起竖角度对比曲线

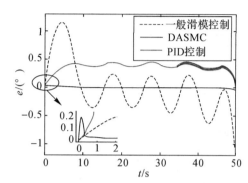

图 3.11　起竖角度误差对比曲线

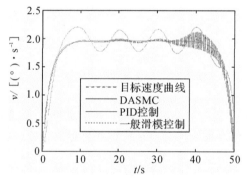

图 3.12　起竖角速度对比曲线

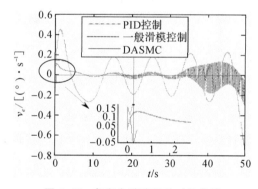

图 3.13　起竖角速度误差对比曲线

仿真结果表明,在系统存在参数不确定性和外界干扰的情况下,所设计的动态面自适应滑模控制器是渐近稳定的,且能较好地跟踪目标信号。从图 3.10 和图 3.11 可以看出,动态面自适应滑模制器的跟踪性能明显要比 PID 控制器和一般滑模控制器好,最大角度跟踪误差发生在起竖的初始阶段,为 0.160 7°,之后误差趋于稳定且几乎为零,起竖到位后的误差为 0.041 3°,而 PID 控制器最大误差 1.141 3°,起竖到位后误差 1.049 1°,一般滑模控制器则分别为 0.456 5° 和 0.051 2°,且后两者受参数不确定性和外界干扰的影响,起竖过程中都存在不同程度的波动。从起竖角速度曲线和角速度误差曲线也可以看出,动态面自适应滑模控制器的控制精度要比其他两种控制器高,最大误差为 0.138 6 °/s,而 PID 控制器和一般滑模控制器则分别为 0.410 5 °/s 和 0.286 4 °/s,并且一般滑模控制器存在高频抖动,如图 3.12 和图 3.13 所示。

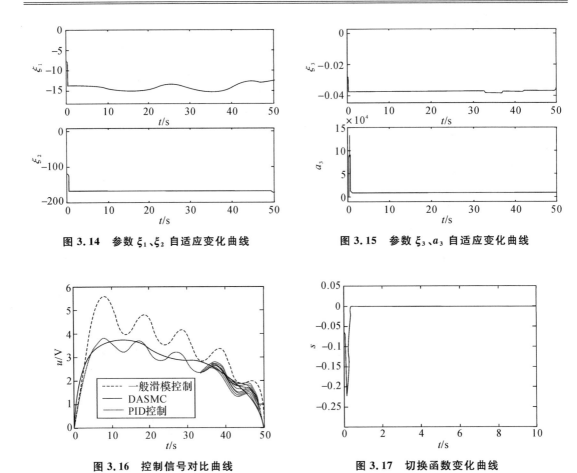

图 3.14　参数 ξ_1、ξ_2 自适应变化曲线　　　图 3.15　参数 ξ_3、a_3 自适应变化曲线

图 3.16　控制信号对比曲线　　　图 3.17　切换函数变化曲线

　　图 3.14 和图 3.15 给出了参数 ξ_1，ξ_2，ξ_3，a_3 的自适应变化曲线,从图中可以看出,所设计的控制器能根据系统不确定性和干扰实现自动调整,具有较强的自适应性和鲁棒性,并且具有较快的调整速度。图 3.16 所示为不同控制器的输出信号曲线,动态面自适应滑模控制器的控制信号比较平滑,没有较明显的波动,而另外两种控制器都存在不同程度的波动,特别是一般滑模控制器存在高频抖振,很难实现实际应用。另外,图 3.17 还给出了所设计控制器的切换函数变化曲线,可以看出切换函数在很短的时间内就趋于零,这也说明控制器是渐近稳定的,所有的跟踪误差都是收敛的。

　　此外,对比动态面自适应滑模控制器和反步自适应滑模控制器可以发现,二者都具有较高的跟踪精度,控制信号都比较平滑,没有抖振现象,且对系统不确定性和外界干扰具有鲁棒性,但动态面自适应滑模控制器的精度更高,控制器形式更简单,并且不需要知道目标信号的高阶导数。

3.6　基于动态面自适应积分型终端滑模的经纬仪转位控制

　　由动态面滑模控制器的设计过程可知,该控制器对系统干扰具有一定的鲁棒性,但并未考虑系统参数摄动引起的不确定性,如果这种不确定性过大,造成系统不确定性上界大于设计的滑模切换增益,控制系统稳定性条件便不能保证。为此,引入自适应控制在线估计系统时变参数和外界干扰,保证了设计的控制器使系统稳定,并有效抑制系统不确定性引起的高频抖振。设计的积分型终端滑模面消除了滑模趋近阶段,使系统初始状态即在滑模面上,从而保证了闭环系统对于匹配干扰和参数不确定性的全局鲁棒性,消除了系统稳态误差,改善了系统状态收敛特性。提出的动态面自适应积分型终端滑模控制器具有准滑模特性,进一步抑制了系统抖振。

3.6.1 控制器的设计

根据分析,经纬仪转位系统摩擦采用 Stribeck 摩擦模型,因此,系统模型可表达为

$$\left.\begin{aligned}
\dot{x}_1 &= x_2 \\
\dot{x}_2 &= x_3 \\
\dot{x}_3 &= a_1 x_2 + a_2 x_3 + u/a_3 + (a_4 + a_5 x_2) g(x_2) \\
y &= x_1
\end{aligned}\right\} \tag{3.79}$$

式中:$a_1 = -\dfrac{B_v r_a + k_e k_T + r_a f_v}{L_a J_m}$;$a_2 = -\dfrac{r_a J_m + B_v L_a}{L_a J_m}$;$a_3 = \dfrac{L_a J_m}{k_T}$;$a_4 = -\dfrac{r_a}{L_a J_m}$;$a_5 = -\dfrac{1}{J_m}$;

$g(x_2) = T_L + f_c + (f_s - f_c) e^{-|x_2/v_s|^2} + F$;$T_L$ 为电机负载转矩;F 为系统扰动。

动态面自适应积分型终端滑模控制器的设计步骤如下。

(1)转位角度跟踪误差定义为 $e_1 = x_1 - x_{1d}$,其中 x_{1d} 为轨迹规划后的目标跟踪信号。则 $\dot{e}_1 = x_2 - \dot{x}_{1d}$,定义 Lyapunov 函数为

$$V_1 = \frac{1}{2} e_1^2 \geqslant 0 \tag{3.80}$$

进一步对式(3.80)求导,得

$$\dot{V}_1 = e_1 \dot{e}_1 = e_1 (x_2 - \dot{x}_{1d}) \tag{3.81}$$

中间虚拟控制可定义为 $\bar{x}_2 = -c_1 e_1 + \dot{x}_{1d}$,其中参数 $c_1 > 0$,根据动态面控制基本思想,利用设计的一阶低通滤波器对 $\bar{x}_2$ 进行求导。设计一阶低通滤波器为 $\dfrac{1}{\tau_1 s + 1}$,$\bar{x}_2$ 经过滤波器的输出为 x_{2d},且满足

$$\left.\begin{aligned}
\tau_1 \dot{x}_{2d} + x_{2d} &= \bar{x}_2 \\
x_{2d}(0) &= \bar{x}_2(0)
\end{aligned}\right\} \tag{3.82}$$

式中:滤波器参数 τ_1 为常数。

(2)转位角速度跟踪误差定义 $e_2 = x_2 - x_{2d}$,进一步,对其求导,得

$$\dot{e}_2 = \dot{x}_2 - \dot{x}_{2d} = x_3 - \dot{x}_{2d} \tag{3.83}$$

定义 Lyapunov 函数为

$$V_2 = \frac{1}{2} e_2^2 \geqslant 0 \tag{3.84}$$

对 V_2 进行求导,得

$$\dot{V}_2 = e_2 \dot{e}_2 = e_2 (x_3 - \dot{x}_{2d}) \tag{3.85}$$

为了保证 $\dot{V}_2 \leqslant 0$,中间虚拟控制可定义为 $\bar{x}_3 = -c_2 e_2 + \dot{x}_{2d}$,其中 $c_2 > 0$。与第(1)步同理,

设计一阶低通滤波器为 $\dfrac{1}{\tau_2 s+1}$，并虚拟控制量 $\bar{x}_3$ 经过滤波器的输出为 x_{3d}，且满足

$$\left.\begin{array}{r} \tau_2 \dot{x}_{3d}+x_{3d}=\bar{x}_3 \\ x_{3d}(0)=\bar{x}_3(0) \end{array}\right\} \tag{3.86}$$

式中：滤波器参数 τ_2 为常数。

（3）转位角加速度跟踪误差定义 $e_3=x_3-x_{3d}$，引入滑模控制，且滑模面函数设计为

$$s=k_1 e_1+k_2 e_2+e_3 \tag{3.87}$$

式中：$k_1>0,k_2>0$，为保证多项式 $p^2+k_2 p+k_1$ 为 Hurwitz 稳定，取 $k_1=k^2,k_2=2k,k>0$。

进一步求导式（3.87），并将式（3.79）代入其中，整理得

$$\dot{s}=k^2(x_2-\dot{x}_{1d})+2k(x_3-\dot{x}_{2d})+a_1 x_2+a_2 x_3+u/a_3+a_4 g(x_2)+a_5 x_2 g(x_2)-\dot{x}_{3d} \tag{3.88}$$

因系统参数 $a_3>0$，Lypaunov 函数可设计为

$$V_3=\frac{1}{2}a_3 s^2\geqslant 0 \tag{3.89}$$

对 V_3 求导得

$$\begin{aligned} \dot{V}_3=s[&a_3 k^2(x_2-\dot{x}_{1d})+2a_3 k(x_3-\dot{x}_{2d})+(a_1 a_3 x_2+a_2 a_3 x_3+u+a_3 a_4 g(x_2)+\\ &a_3 a_5 x_2 g(x_2)-a_3 \dot{x}_{3d})+a_3(x_1-x_{1d})] \end{aligned} \tag{3.90}$$

令 $\xi_1=a_1 a_3,\xi_2=a_2 a_3,\xi_3=a_3 a_4,\xi_4=a_3 a_5$，则式（3.90）可化简为

$$\begin{aligned} \dot{V}_3=s[&a_3 k^2(x_2-\dot{x}_{1d})+2a_3 k(x_3-\dot{x}_{2d})+\xi_1 x_2+\xi_2 x_3+u+\\ &\xi_3 g(x_2)+\xi_4 x_2 g(x_2)-a_3 \dot{x}_{3d}+a_3(x_1-x_{1d})] \end{aligned} \tag{3.91}$$

（4）进一步考虑系统参数的不确定性，在实际控制中经纬仪转位系统参数 a_1,a_2,a_3,a_4，a_5 具有时变性，也即参数 ξ_1,ξ_2,ξ_3,ξ_4 具有时变性，且系统参数不确定性的上界难以准确获知，为此，引入自适应控制对系统参数进行在线估计。

不妨设系统参数 ξ_1,ξ_2,ξ_3,a_3 均有界，且估计误差分别为 $\tilde{\xi}_1,\tilde{\xi}_2,\tilde{\xi}_3,\tilde{a}_3$，存在关系 $\tilde{\xi}_i=\xi_i-\hat{\xi}_i(i=1,2,3,4),\tilde{a}_3=a_3-\hat{a}_3$。为确定控制器中的系统参数自适应律，Lyapunov 函数可定义为

$$V_4=\frac{1}{2}(a_3 s^2+\lambda_1 \tilde{\xi}_1^2+\lambda_2 \tilde{\xi}_2^2+\lambda_3 \tilde{\xi}_3^2+\lambda_4 \tilde{\xi}_4^2+\lambda_5 \tilde{a}_3^2)\geqslant 0 \tag{3.92}$$

式中：$\lambda_1,\lambda_2,\lambda_3,\lambda_4,\lambda_5$ 均为大于零的常数。

进一步对 V_4 进行求导，得

$$\begin{aligned} \dot{V}_4=s[&a_3 k^2(x_2-\dot{x}_{1d})+2a_3 k(x_3-\dot{x}_{2d})+\xi_1 x_2+\\ &\xi_2 x_3+u+\xi_3 g(x_2)+\xi_4 x_2 g(x_2)-a_3 \dot{x}_{3d}+a_3(x_1-x_{1d})]+\\ &\lambda_1 \tilde{\xi}_1(-\dot{\hat{\xi}}_1)+\lambda_2 \tilde{\xi}_2(-\dot{\hat{\xi}}_2)+\lambda_3 \tilde{\xi}_3(-\dot{\hat{\xi}}_3)+\lambda_4 \tilde{\xi}_4(-\dot{\hat{\xi}}_4)+\lambda_5 \tilde{a}_3(-\dot{\hat{a}}_3) \end{aligned} \tag{3.93}$$

为了满足 Lypaunov 系统稳定性条件，即 $\dot{V}_4\leqslant 0$，滑模控制器 u 设计为

$$\begin{aligned} u=[&\hat{a}_3 \dot{x}_{3d}-\hat{a}_3 k^2(x_2-\dot{x}_{1d})-2\hat{a}_3 k(x_3-\dot{x}_{2d})-\hat{a}_3(x_1-x_{1d})-\\ &\hat{\xi}_1 x_2-\hat{\xi}_2 x_3-\hat{\xi}_3 g(x_2)-\hat{\xi}_4 x_2 g(x_2)-\varepsilon s-\eta\operatorname{sgn}(s)] \end{aligned} \tag{3.94}$$

式中:ε,η 均为大于零的常数。

考虑系统时变参数 ξ_1,ξ_2,ξ_3,a_3 的不确定性,将滑模控制器式(3.94)中的系统参数值利用它们的估计值替代;另外,采用准滑模控制方法抑制抖振,即利用饱和函数 $\mathrm{sat}(s)$ 代替常用的符号函数 $\mathrm{sgn}(s)$,滑模控制器式(3.94)可变化为

$$u = [\hat{a}_3\dot{x}_{3\mathrm{d}} - \hat{a}_3 k^2 (x_2 - \dot{x}_{1\mathrm{d}}) - 2\hat{a}_3 k(x_3 - \dot{x}_{2\mathrm{d}}) - \hat{a}_3(x_1 - x_{1\mathrm{d}}) -$$
$$\hat{\xi}_1 x_2 - \hat{\xi}_2 x_3 - \hat{\xi}_3 g(x_2) - \hat{\xi}_4 x_2 g(x_2) - \varepsilon s - \eta\mathrm{sat}(s)] \tag{3.95}$$

式中:$\mathrm{sat}(s) = \begin{cases} 1, & s > \Delta \\ s/\Delta, & |s| \leqslant \Delta \\ -1, & s < -\Delta \end{cases}$,式中,$\Delta$ 为滑模面的边界层厚度,且 $\Delta > 0$。

由控制器式(3.95)可知,与反步自适应滑模控制器比较,通过在滑模控制中引入动态面控制,设计的动态面自适应积分型终端滑模控制器避免了目标信号高阶求导,表达形式更为简洁。

将控制器式(3.95)代入式(3.93),得

$$\dot{V}_4 = -\varepsilon s^2 - \eta s \cdot \mathrm{sat}(s) + \tilde{\xi}_1(sx_2 - \lambda_1\dot{\hat{\xi}}_1) +$$
$$\tilde{\xi}_2(sx_3 - \lambda_2\dot{\hat{\xi}}_2) + \tilde{\xi}_3[g(x_2)s - \lambda_3\dot{\hat{\xi}}_3] +$$
$$\tilde{\xi}_4[x_2 g(x_2)s - \lambda_4\dot{\hat{\xi}}_4] + \tilde{a}_3[k^2 s(x_2 - \dot{x}_{1\mathrm{d}}) +$$
$$2ks(x_3 - \dot{x}_{2\mathrm{d}}) - s\dot{x}_{3\mathrm{d}} + s(x_1 - x_{1\mathrm{d}}) - \lambda_5\dot{\hat{a}}_3] \tag{3.96}$$

为了满足 $\dot{V}_4 \leqslant 0$,系统各时变参数的自适应律设计为

$$\dot{\hat{\xi}}_1 = \frac{1}{\lambda_1}sx_2, \quad \dot{\hat{\xi}}_2 = \frac{1}{\lambda_2}sx_3, \quad \dot{\hat{\xi}}_3 = \frac{1}{\lambda_3}sg(x_2), \quad \dot{\hat{\xi}}_4 = \frac{1}{\lambda_4}sx_2 g(x_2),$$
$$\dot{\hat{a}}_3 = \frac{1}{\lambda_5}[k_1 s(x_2 - \dot{x}_{1\mathrm{d}}) + k_2 s(x_3 - \dot{x}_{2\mathrm{d}}) + k_3 s(x_1 - x_{1\mathrm{d}}) - s\dot{x}_{3\mathrm{d}}] \tag{3.97}$$

3.6.2　稳定性分析

一阶低通滤波器引起的滤波误差分别定义为

$$y_i = x_{i\mathrm{d}} - \bar{x}_i, \quad i = 2,3 \tag{3.98}$$

由滤波器的设计过程可知

$$\dot{x}_{i\mathrm{d}} = -\frac{y_i}{\tau_i}, \quad i = 2,3$$
$$\dot{y}_2 = \dot{x}_{2\mathrm{d}} - \dot{\bar{x}}_2 = -\frac{y_2}{\tau_1} + c_1\dot{e}_1 - \ddot{x}_{1\mathrm{d}} = -\frac{y_2}{\tau_1} + c_1(e_2 + y_2 - c_1 e_1) - \ddot{x}_{1\mathrm{d}}$$
$$\dot{y}_3 = \dot{x}_{3\mathrm{d}} - \dot{\bar{x}}_3 = -\frac{y_3}{\tau_2} + c_2\dot{e}_2 - \ddot{x}_{2\mathrm{d}} = -\frac{y_3}{\tau_2} + c_2(e_3 + y_3 - c_2 e_2) + \frac{\dot{y}_2}{\tau_1} \tag{3.99}$$

定义 $B_2 = c_1\dot{e}_1 - \ddot{x}_{1\mathrm{d}}$,$B_3 = c_2\dot{e}_2 - \ddot{x}_{2\mathrm{d}}$,结合式(3.73),$\dot{y}_2$、$\dot{y}_3$ 进一步表达为

$$\left.\begin{aligned} \dot{y}_2 &= -\frac{y_2}{\tau_1} + B_2(e_1, e_2, y_2, \ddot{x}_{1d}) \\ \dot{y}_3 &= -\frac{y_3}{\tau_2} + B_3(e_1, e_2, e_3, y_2, y_3, \ddot{x}_{1d}) \end{aligned}\right\} \tag{3.100}$$

Lyapunov 函数设计为

$$V = \frac{1}{2}\left(a_3 s^2 + \sum_{i=1}^{4} \lambda_i \widetilde{\xi}_i^2 + \lambda_4 \widetilde{a}_3^2 + \sum_{i=2}^{3} y_i^2\right) \geqslant 0 \tag{3.101}$$

对于经纬仪转位系统[式(3.79)],如 $V(0) \leqslant p$,其中 $p > 0$,则能够保证系统的稳定性,系统状态量有界,且系统状态跟踪误差在有限时间内收敛。

证明:当 $V = p$ 时,$V = \frac{1}{2}\left(a_3 s^2 + \sum_{i=1}^{4} \lambda_i \widetilde{\xi}_i^2 + \lambda_4 \widetilde{a}_3^2 + \sum_{i=2}^{3} y_i^2\right) = p$,由于 $e_1, e_2, e_3, y_2, y_3, \dot{x}_{1d}$、$\dot{x}_{2d}$ 有界,$B_i(i=2,3)$ 有界,且令其上界为 M_i,即 $|B_i| \leqslant M_i$。

进一步,对 V 求导得

$$\dot{V} = \dot{V}_4 + y_2 \dot{y}_2 + y_3 \dot{y}_3 \tag{3.102}$$

根据式(3.95)~式(3.97)、式(3.100)和式(3.102),整理得

$$\dot{V} = -\varepsilon s^2 - \eta s \cdot \mathrm{sat}(s) + \left(B_2 y_2 - \frac{y_2^2}{\tau_1}\right) + \left(B_3 y_3 - \frac{y_3^2}{\tau_2}\right) \tag{3.103}$$

由于 $B_2 y_2 \leqslant \dfrac{B_2^2 + y_2^2}{2}$,$B_3 y_3 \leqslant \dfrac{B_3^2 + y_3^2}{2}$,则

$$\dot{V} \leqslant -\varepsilon s^2 - \eta s \cdot \mathrm{sat}(s) + \left(\frac{B_2^2 + y_2^2}{2} - \frac{y_2^2}{\tau_1}\right) + \left(\frac{B_3^2 + y_3^2}{2} - \frac{y_3^2}{\tau_2}\right) \tag{3.104}$$

令 $\dfrac{1}{\tau_1} \leqslant \dfrac{M_2^2 + 1}{2}$,$\dfrac{1}{\tau_2} \leqslant \dfrac{M_3^2 + 1}{2}$,则

$$\dot{V} \leqslant -\varepsilon s^2 - \eta s \cdot \mathrm{sat}(s) \leqslant 0 \tag{3.105}$$

可知,$V(0) \leqslant p$,且 $V(t) \leqslant p$,即系统状态量均存在界;根据 Lypaunov 稳定性理论,$V(t)$ 有界且 $\dot{V}(0) \leqslant 0$,进一步,根据 Barbalat 定理,转位系统状态收敛于目标跟踪信号。

3.6.3 仿真分析

将动态面自适应积分型终端滑模控制器和一般滑模控制器、PID 控制器进行了对比仿真验证。考虑系统参数慢时变特性,假设电机绕组线电阻 r_a、电机绕组等效线电感 L_a、阻尼系数 B_v、转动惯量 J_m、电机转矩系数 k_T、外界干扰 F 分别为

$$r_a(t) = r_{a0}[1 + 0.01\sin(0.2\pi t)]; \quad L_a(t) = L_{a0}[1 + 0.01\sin(0.2\pi t)];$$
$$B_v(t) = B_{v0}[1 + 0.01\sin(0.2\pi t)]; \quad J_m(t) = J_{m0}[1 + 0.01\sin(0.2\pi t)];$$
$$k_T(t) = k_{T0}[1 + 0.01\sin(0.2\pi t)]; \quad F = 0.5\sin(0.2\pi t)\,.$$

式中:$r_{a0}, L_{a0}, B_{v0}, J_{m0}, k_{T0}$ 为系统参数标称值。

动态面自适应积分型终端滑模控制器式(3.95)各参数设计为

$$k_1 = 1 \times 10^4; \quad k_2 = 200; \quad \varepsilon = 1.2 \times 10^3; \quad \eta = 6; \quad \tau_1 = \tau_2 = 0.02;$$

$\Delta = 0.3; \lambda_1 = 1 \times 10^{-9}; \lambda_2 = 5 \times 10^{-6}; \lambda_3 = 0.12; \lambda_4 = 2.5; \lambda_5 = 20$。

普通 PID 控制器设计为

$$u_1(t) = k_p e(t) + k_i \int e(t) \mathrm{d}t + k_d \dot{e}(t) \tag{3.106}$$

式中:$k_p = 90; k_i = 20; k_d = 0.05$。

为了提高系统趋近段特性,通常设计基于趋近律的滑模控制器。在此,指数趋近律设计为

$$\dot{s} = -\delta \operatorname{sgn}(s) - ks \tag{3.107}$$

式中:$\delta > 0; k > 0$。

由滑模控制设计方法,一般滑模控制器的可设计为

$$u_2(t) = a_3 [k_1 e_2 + k_2 e_3 + \dddot{x}_d - a_1 x_2 - a_2 x_3 - (a_4 + a_5 x_2) g(x_2) + ks + \delta \operatorname{sgn}(s)] \tag{3.108}$$

式中:$s = k_1 e_1 + k_2 e_2 + e_3; e_1 = x_d - x_1; e_2 = \dot{x}_d - x_2; e_3 = \ddot{x}_d - x_3; x_d$ 为目标跟踪信号;$\delta = 3.5 \times 10^3; k = 1.898; k_1 = 3 \times 10^4; k_2 = 40$。

假设系统状态初始值均为零,将设计的动态面自适应积分型终端滑模控制器(图中用 DSAITSMC 来表示)、一般滑模控制器和 PID 控制器分别应用于经纬仪转位系统控制,且目标跟踪信号由运动轨迹规划获得,仿真结果如图 3.18~图 3.21 所示。

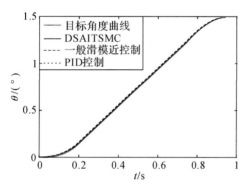

图 3.18　转位角度对比曲线

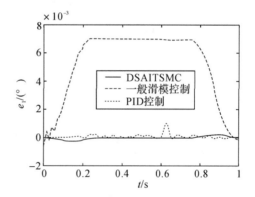

图 3.19　转位角度误差对比曲线

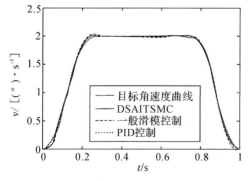

图 3.20　转位角速度对比曲线

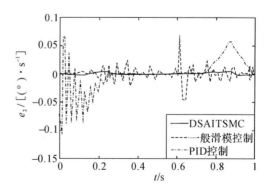

图 3.21　转位角速度误差对比曲线

仿真结果表明,在系统参数不确定性和外界干扰下,设计的动态面自适应积分型终端滑模

控制器使系统在有限时间内收敛,获得了较好的控制效果。由图 3.18 和图 3.19 可知,与一般滑模控制器和 PID 控制器相比较,本节设计的控制器具有更好的跟踪性能,最大角度跟踪误差发生在转位的两个加速度绝对值最大值处,约为 $2.53 \times 10^{-4\circ}$,且误差能够迅速减小并稳定于近似零值,说明积分型终端滑模面可有效减小稳态误差,转位角度定位误差约为 $3.62 \times 10^{-5\circ}$,而 PID 控制器最大转位角度跟踪误差 $7.04 \times 10^{-3\circ}$,转位角度定位误差 $1.07 \times 10^{-4\circ}$,一般滑模控制器则分别为 $9.90 \times 10^{-4\circ}$ 和 $1.95 \times 10^{-4\circ}$。受系统参数摄动和外界干扰的不确定性影响,一般滑模控制和 PID 控制下的转位过程均存在一定程度的波动。由图 3.20 和图 3.21 易知,设计的控制器比其它两种控制器具有更高的角速度跟踪精度,其最大角速度误差为 $2.26 \times 10^{-4\circ}/\mathrm{s}$,匀速段误差仅为 $2.14 \times 10^{-7\circ}/\mathrm{s}$,而稳定后 PID 控制器和一般滑模控制器下的最大误差分别为 $0.058\,2\,°/\mathrm{s}$ 和 $0.069\,4\,°/\mathrm{s}$。系统时变参数 ξ_1、ξ_2、ξ_3、ξ_4、a_3 的自适应变化曲线如图 3.22 所示。

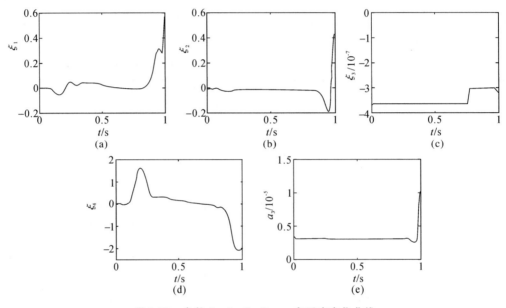

图 3.22 参数 ξ_1、ξ_2、ξ_3、ξ_4、a_3 自适应变化曲线

由图 3.22 可知,针对系统参数的不确定性,设计的控制器可以对系统时变参数进行在线估计,增强了控制器的鲁棒性,抑制了由不确定性引起的系统抖振。3 种控制器的输出信号曲线如图 3.23 所示。

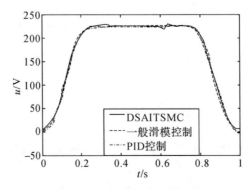

图 3.23 控制信号对比曲线

可以发现,动态面自适应积分型终端滑模控制器的控制信号很平滑,基本消除了系统抖振。相比较而言,PID 控制器和一般滑模控制器存在控制量的波动,且后者存在高频抖振现象。另外,本节设计的控制器和一般滑模控制器的滑模面函数曲线如图 3.24 所示,本节提出的滑模控制方法下的滑模面曲线在有限时间内收敛于零,表明系统状态有限时间内收敛于目标跟踪曲线;而一般滑模控制器的滑模面函数存在明显高频抖振,跟踪目标一直处于变化过程,只能使系统误差渐近趋于零,无法实现系统误差的有效收敛,且滑模面函数值较大。

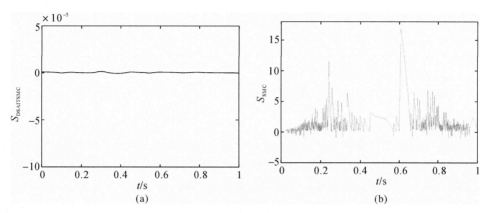

图 3.24　滑模面函数曲线对比
(a)本节滑模控制方法;(b)一般滑模控制方法

进一步,将动态面自适应积分型终端滑模控制器与反步自适应滑模控制器进行比较可知,应用于经纬仪转位系统均获得了较高的转位控制精度,有效抑制了系统抖振,表现为控制信号为平滑曲线,提高了对系统不确定性的鲁棒性,但提出的动态面自适应积分型终端滑模控制器可大大减小系统稳态误差,获得的系统控制精度更高,控制器表达式更为简单,无需提供目标跟踪信号的各阶导数。

3.7　本 章 小 结

反步法是控制领域中的重要方法,但反步法仍是基于模型的控制方法,对不确定参数和外界干扰没有自适应性和鲁棒性。因此,本章以反步法为基础,结合滑模控制和自适应控制,首先设计了一种反步自适应滑模控制器,将其应用到起竖系统的跟踪控制中,并进行了仿真验证,仿真结果证明该控制器有良好的控制效果,对外界干扰具有一定的鲁棒性,但控制器的形式比较复杂,求解过程中需要计算虚拟控制项的高阶导数。因此,引入了动态面控制,分别提出了一种动态面自适应滑模控制方法和动态面自适应积分型终端滑模控制方法,应用于起竖系统和经纬仪转位系统控制,利用其一阶积分滤波器来计算虚拟控制项的导数,使控制器和参数设计简单,且自适应算法能实现参数的在线估计,最后进行了对比仿真验证,结果表明与PID 控制器和一般滑模控制器相比,该控制器具有更高的控制精度,并且对不确定参数和外界干扰具有较强的自适应性和鲁棒性。

第4章 基于时变积分滑模面的转位系统 自适应滑模控制

4.1 引 言

通过对传统滑模控制器的分析可知,对于 n 阶非线性系统,控制信号的求解需要假设被跟踪信号的 1 到 n 阶导数存在且已知,而只要其中有一个导数不存在,则滑模控制器就很难实现跟踪控制。例如对于起竖系统或经纬仪转位运动的控制,由于是三阶系统,所以采用传统滑模控制器时需要知道期望信号的 1 到 3 阶导数,这给实际应用带来了困难。若在滑模面的设计中加入积分项,既可以消除期望信号各阶导数必需已知的假设,又可以抑制稳态误差、提高控制精度,故将积分滑模控制引入起竖系统的控制,还增加了一非线性微分项,设计了一种积分与微分滑模控制器,以消除传统滑模控制的抖振现象,提高滑模控制器的鲁棒性。

由滑模控制理论可知,滑模运动包括趋近运动和滑模运动两个阶段,而滑模控制器对参数的不确定性和外部干扰的鲁棒性是在到达滑模运动阶段后才能得到保证的,在系统趋近运动的阶段没有鲁棒性,所以如果此时系统存在较大误差或干扰,会影响系统控制的稳定性和精度,同时也会导致较大的超调和较长的调节时间使暂态性能恶化。文献[111]针对二阶系统提出了一种时变滑模控制,通过设计使系统的初始状态就在滑模面上,从而消除了滑模的趋近运动阶段,保证系统在任何时刻都具有抗干扰特性。另外,实际系统中不确定参数和外界干扰的界通常是很难确定的,而自适应控制则无需知道参数的界。因此,在积分滑模控制的基础上,结合时变滑模控制和自适应控制的特点,提出了一种时变积分自适应滑模的控制策略,通过对系统不确定参数的实时在线调整,提高了控制器的鲁棒性。最后将时变积分自适应滑模控制器应用到起竖过程的控制,仿真结果证明该控制器具有较高的控制精度,对不确定参数和外界干扰有较强的鲁棒性。

4.2 积分滑模控制

4.2.1 问题的描述

考虑 n 阶非线性系统:

$$\left.\begin{array}{l} \dot{x}_i = x_{i+1} \\ \dot{x}_n = \theta f(x) + \beta g(x) u + d(t) \\ y = x_1 \end{array}\right\} \tag{4.1}$$

式中：θ、β 为系统参数；$f(x)$、$g(x)$ 为已知函数，且 $\beta g(x) \neq 0$；u 为系统输入；y 为系统输出；$d(t)$ 为外界干扰，且 $|d(t)| < D$。

对于传统滑模控制器，一般选取切换函数

$$s = c_1 e_1 + c_2 e_2 + \cdots + c_{n-1} e_{n-1} + e_n \tag{4.2}$$

式中：$e_i = y^{i-1} - y_d^{i-1} = x_i - y_d^{i-1}$；$c_i$ 为常数，$i = 1, \cdots, n$。

根据滑模控制理论，到达滑模面 $s = 0$ 的广义条件为 $s\dot{s} < 0$，即

$$s\dot{s} = s\Big[\sum_{i=1}^{n-1} c_i e_{i+1} + \theta f(x) + \beta g(x) u + d(t) - y_d^n\Big] < 0 \tag{4.3}$$

可以选择如下滑模控制器：

$$u = \frac{1}{\beta g(x)}\Big[-\sum_{i=1}^{n-1} c_i e_{i+1} - \theta f(x) + y_d^n - D \operatorname{sgn}(s)\Big] \tag{4.4}$$

从控制器表达式可以看出，传统滑模控制器不仅需要知道参考信号，而且还要知道参考信号的 1 到 n 阶导数。如果其中有一个导数不存在，该控制器就无法实现跟踪控制，所以传统滑模控制器在实际应用中受到很大限制，且当参数 θ、β 存在不确定性时，会带来稳态误差。

4.2.2　积分滑模控制

为了解决上面提到的问题，很多学者提出了积分滑模控制方案，并且在伺服电机、机械臂等系统上得到了成功应用。积分滑模变结构控制就是在滑模面函数中加入跟踪误差的积分项，为了消除跟踪信号的高阶导数项，这里用各状态变量代替各误差项，定义切换函数为

$$s = c_1 x_1 + c_2 x_2 + \cdots + c_{n-1} x_{n-1} + x_n + k \int_0^t (x_1 - y_d) \mathrm{d}\tau \tag{4.5}$$

式中：k 为常数；$c_i (i = 1, \cdots, n-1)$ 为常数。

对式（4.5）求导得

$$\dot{s} = c_1 x_2 + c_2 x_3 + \cdots + c_{n-1} x_n + \dot{x}_n + k(x_1 - y_d) \tag{4.6}$$

假设参数 θ、β 存在不确定性，且 $|\theta| < \alpha_1$，$0 < b_1 < \beta < b_2$，外部干扰 $|d(t)| < D$。

根据控制器稳定性条件 $s\dot{s} < 0$，即

$$s\dot{s} = s\Big[\sum_{i=1}^{n-1} c_i x_{i+1} + \theta f(x) + \beta g(x) u + d(t) + k(x_1 - y_d)\Big] < 0 \tag{4.7}$$

设计积分滑模控制器：

$$u = \frac{1}{b_1 g(x)}(u_0 + u_1 + u_2) \tag{4.8}$$

式中：u_0 为等效控制量，且 $u_0 = -c_1 x_2 - c_2 x_3 - \cdots - c_{n-1} x_n - k(x_1 - y_d)$；$u_1$ 主要是用来消除参数 θ 的变化和干扰 $d(t)$ 带来的影响，且 u_1 设计为

$$u_1 = [-\alpha_1 |f(x)| - D] \operatorname{sgn}(s) \tag{4.9}$$

u_2 主要是用来消除参数 β 的不确定性，控制量设计为

$$u_2 = \frac{b_1 - b_2}{b_1} |k| \operatorname{sgn}[(x_1 - y_\mathrm{d})s] + \sum_{i=2}^{n} \frac{b_1 - b_2}{b_1} |c_{i-1}| \operatorname{sgn}(x_i s) \tag{4.10}$$

对于系统(4.1),采用式(4.5)所示的切换函数,用设计的积分滑模控制器式(4.8)进行控制,则整个系统是渐近稳定的,以下是其证明过程。

将式(4.1)、式(4.8)代入式(4.6),得

$$\dot{s} = \sum_{i=1}^{n-1} c_i x_{i+1} + k(x_1 - y_\mathrm{d}) + \theta f(x) + d(t) + \frac{\beta}{b_1}(u_0 + u_1 + u_2) \tag{4.11}$$

把 u_0 和式(4.9)~(4.10)代入式(4.11)得

$$\dot{s} = \sum_{i=1}^{n-1} c_i x_{i+1} + ke + \theta f(x) + d(t) + \frac{\beta}{b_1}(u_0 + u_1 + u_2) =$$

$$\sum_{i=1}^{n-1} c_i x_{i+1} + ke + \theta f(x) + d(t) + (u_0 + u_1 + u_2) + \frac{\beta - b_1}{b_1}(u_0 + u_1 + u_2) =$$

$$\theta f(x) + d(t) - [\alpha_1 |f(x)| + D]\operatorname{sgn}(s) + \frac{\beta - b_1}{b_1}\{-[\alpha_1 |f(x)| + D]\operatorname{sgn}(s)\} +$$

$$\frac{\beta - b_1}{b_1}(-\sum_{i=1}^{n-1} c_i x_{i+1} - ke) + \frac{\beta}{b_1}\left[\frac{b_1 - b_2}{b_1} |k| e\operatorname{sgn}(es) + \sum_{i=1}^{n-1} \frac{b_1 - b_2}{b_1} |c_i| x_{i+1}\operatorname{sgn}(x_{i+1}s)\right] =$$

$$\theta f(x) + d(t) - [\alpha_1 |f(x)| + D]\operatorname{sgn}(s) + \frac{\beta - b_1}{b_1}\{-[\alpha_1 |f(x)| + D)\operatorname{sgn}(s)\} +$$

$$\frac{1}{b_1}\left[\frac{b_1 - b_2}{b_1} |k| \beta\operatorname{sgn}(es) - k(\beta - b_1)\right]e + \frac{1}{b_1}\sum_{i=1}^{n-1}\left[\frac{b_1 - b_2}{b_1} |c_i| \beta\operatorname{sgn}(x_{i+1}s) - (\beta - b_1)c_{i-1}\right]x_{i+1}$$

$$\tag{4.12}$$

式中: $e = x_1 - y_d$ 。

进一步可得

$$s\dot{s} = [\theta f(x)s - \alpha_1 |f(x)| |s|] + [d(t)s - D|s|] + \frac{\beta - b_1}{b_1}$$

$$\{-[\alpha_1 |f(x)| + D]|s|\} + \frac{1}{b_1}\left[\frac{b_1 - b_2}{b_1} |k| \beta |es| - k(\beta - b_1)\right]es +$$

$$\frac{1}{b_1}\sum_{i=1}^{n-1}\left[\frac{b_1 - b_2}{b_1} \beta |c_i| |x_{i+1}s| - (\beta - b_1)c_{i-1}x_{i+1}s\right] \tag{4.13}$$

由假设 $|\theta| < \alpha_1, 0 < b_1 < \beta < b_2$,外部干扰 $|d(t)| < D$,则有

$$\theta f(x)s - \alpha_1 |f(x)| |s| < 0, d(t)s - D|s| < 0, \quad \frac{\beta - b_1}{b_1}[-(\alpha_1 |f(x)| + D)|s|] < 0$$

$$\tag{4.14}$$

因为 $\frac{\beta}{b_1} > 1, b_2 - b_1 > \beta - b_1$,所以

$$\frac{1}{b_1}\left[\frac{b_1 - b_2}{b_1} \beta |k| |es| - k(\beta - b_1)es\right] < 0 \tag{4.15}$$

$$\frac{1}{b_1}\sum_{i=1}^{n-1}\left[\frac{b_1 - b_2}{b_1} \beta |c_i| |x_{i+1}s| - (\beta - b_1)c_{i-1}x_{i+1}s\right] < 0 \tag{4.16}$$

综合式(4.14)~式(4.16),得到 $\dot{s}s<0$,根据滑模控制理论,整个系统是渐近稳定的,跟踪误差收敛。

4.2.3　积分与微分滑模控制

在积分滑模控制器的设计中,由于存在非线性符号函数 $\operatorname{sgn}(s)$,因此当存在外界干扰时控制信号将存在抖动,不利于实际应用。一些文献中采用饱和函数 $\operatorname{sat}(s)$ 来代替符号函数,这在一定程度上降低了信号的抖动,但当干扰较大时却无法实现对抖动的抑制。因为微分控制具有增加系统阻尼的特点,所以加入非线性微分控制,就能获得平稳的控制信号。

在传统滑模控制中,系统抖动主要表现为切换函数在滑模面 $s=0$ 附近的山下波动,可以理解为在跟踪误差趋于零时切换函数的不断变化,所以可以对切换函数 s 进行非线性微分控制,以抑制系统的抖动,非线性微分控制器设计为

$$u_d = -g(e)\dot{s} \tag{4.17}$$

式中,$g(e)$ 为微分系数,是跟踪误差的函数,满足以下条件:

(1)$\forall e, g(e)>0$;

(2)函数 $g(e)$ 值随误差的绝对值增大而减小,也就是误差增大微分控制减小,误差减小微分控制增大。

根据以上两个条件,选择非线性函数 $g(e)$:

$$g(e) = \frac{1}{\lambda + \delta e^2} \tag{4.18}$$

式中:λ、δ 为正常数。

因此,可以得到积分与微分滑模控制器为

$$u = \frac{1}{bg(x)}(u_0 + u_1 + u_2 + u_d) \tag{4.19}$$

对于系统式(4.1),采用式(4.5)所示的切换函数,用设计的积分与微分滑模控制器式(4.19)进行控制,整个系统是渐近稳定的,以下是其证明过程。

将式(4.1)、(4.19)代入式(4.6)得

$$
\begin{aligned}
\dot{s} &= \sum_{i=1}^{n-1} c_i x_{i+1} + k(x_1 - y_d) + \theta f(x) + d(t) + \frac{\beta}{b_1}(u_0 + u_1 + u_2 + u_d) \\
&= \sum_{i=1}^{n-1} c_i x_{i+1} + k(x_1 - y_d) + \theta f(x) + d(t) + \frac{\beta}{b_1}(u_0 + u_1 + u_2) - \frac{\beta}{b_1} g(e)\dot{s}
\end{aligned}
\tag{4.20}
$$

进一步可得

$$
\dot{s} = \frac{1}{1 + \dfrac{\beta}{b_1} g(e)}\left[\sum_{i=1}^{n-1} c_i x_{i+1} + k(x_1 - y_d) + \theta f(x) + d(t) + \frac{\beta}{b_1}(u_0 + u_1 + u_2) \right]
\tag{4.21}
$$

因为 $s \cdot \left[\sum_{i=1}^{n-1} c_i x_{i+1} + k(x_1 - y_d) + \theta f(x) + d(t) + \dfrac{\beta}{b_1}(u_0 + u_1 + u_2) \right] < 0$,且 $1 +$

$\dfrac{\beta}{b}g(e)>0$,则

$$\frac{s}{1+\dfrac{\beta}{b_1}g(e)}\left[\sum_{i=1}^{n-1}c_ix_{i+1}+k(x_1-y_d)+\theta f(x)+d(t)+\frac{\beta}{b_1}(u_0+u_1+u_2)\right]<0$$

(4.22)

即 $s\dot{s}<0$,根据滑模控制理论,整个系统是渐近稳定的,跟踪误差收敛。

4.2.4　积分与微分自适应滑模控制

4.2.3 节给出的积分与微分滑模的控制策略对参数的不确定性和外界干扰有一定的鲁棒性,但运用该控制方法时需要知道不确定参数的界,而对于转位系统,由于需要在不同的野外环境下工作,要知道不确定参数的界是比较困难的,所以参数的界必须足够大才能达到鲁棒控制的目的。对于这样的控制器需要保守设计,并且会增大系统的抖振,影响系统的控制性能。自适应控制可以通过自适应律对参数进行实时在线估计,不必知道参数的界,使系统对不确定参数和外界干扰有更强的鲁棒性。因此,将积分与微分控制和自适应控制相结合,设计了一种积分与微分自适应滑模控制器,它可以提高控制器的抗干扰能力。下面给出该控制器的设计过程。

定义积分滑模面函数为

$$s=c_1x_1+c_2x_2+\cdots+c_{n-1}x_{n-1}+x_n+k\int_0^t(x_1-y_d)\mathrm{d}\tau \tag{4.23}$$

对式(4.23)求导得

$$\dot{s}=c_1x_2+c_2x_3+\cdots+c_{n-1}x_n+\dot{x}_n+k(x_1-y_d) \tag{4.24}$$

根据系统到达滑模面 $s=0$ 的条件,则有

$$s\dot{s}=s\left[\sum_{i=1}^{n-1}c_ix_{i+1}+\theta f(x)+\beta g(x)u+d(t)+k(x_1-y_d)\right]<0 \tag{4.25}$$

假设系统不存在不确定性,根据滑模控制理论,可设计控制器:

$$u_0=\frac{1}{\beta g(x)}\left[-\sum_{i=1}^{n-1}c_ix_{i+1}-\theta f(x)-k(x_1-y_d)-d(t)-hs-\eta\,\mathrm{sgn}(s)\right] \tag{4.26}$$

将式(4.26)代入式(4.25)可得 $s\dot{s}=-hs^2-\eta|s|$,所以当 $s\neq0$ 时,$s\dot{s}<0$,系统是稳定的,跟踪误差收敛。

如果系统存在不确定性,对控制器式(4.26)中的不确定参数用估计值代替实际值,得到积分与微分自适应控制器:

$$u=\frac{1}{\hat{\beta}g(x)}\left[-\sum_{i=1}^{n-1}c_ix_{i+1}-\hat{\theta}f(x)-k(x_1-y_d)-\hat{d}(t)-hs-\eta\,\mathrm{sgn}(s)\right] \tag{4.27}$$

式中:$\hat{\beta},\hat{\theta},\hat{d}$ 分别是参数 β,θ,d 的估计值。

为了得到参数 β,θ,d 的自适应律,定义 Lyapunov 函数

$$V=\frac{1}{2}s^2+\frac{1}{2}\lambda_1\tilde{\beta}^2+\frac{1}{2}\lambda_2\tilde{\theta}^2+\frac{1}{2}\lambda_3\tilde{d}^2 \tag{4.28}$$

式中:$\tilde{\beta},\tilde{\theta},\tilde{d}$ 为参数 β,θ,d 的估计误差,且 $\tilde{\beta}=\beta-\hat{\beta},\tilde{\theta}=\theta-\hat{\theta},\tilde{d}=d-\hat{d}$,$\lambda_1$、$\lambda_2$、$\lambda_3$ 均为大于

零的常数。

综合式(4.27)、式(4.24)和系统方程式(4.1),得

$$\dot{s} = \tilde{\theta} f(x) + \tilde{\beta} g(x) u + \tilde{d}(t) - hs - \eta \operatorname{sgn}(s) \tag{4.29}$$

假设参数 β, θ, d 都是慢时变的,其导数都为零,则对式(4.28)求导,得

$$\dot{V} = s\dot{s} - \lambda_1 \tilde{\beta} \dot{\tilde{\beta}} - \lambda_2 \tilde{\theta} \dot{\tilde{\theta}} - \lambda_3 \tilde{d} \dot{\tilde{d}} \tag{4.30}$$

将式(4.29)代入式(4.30),得

$$
\begin{aligned}
\dot{V} &= s[\tilde{\theta} f(x) + \tilde{\beta} g(x) u + \tilde{d} - hs - \eta \operatorname{sgn}(s)] - \lambda_1 \tilde{\beta} \dot{\tilde{\beta}} - \lambda_2 \tilde{\theta} \dot{\tilde{\theta}} - \lambda_3 \tilde{d} \dot{\tilde{d}} \\
&= \tilde{\beta}[g(x) su - \lambda_1 \dot{\tilde{\beta}}] + \tilde{\theta}[f(x) s - \lambda_2 \dot{\tilde{\theta}}] + \tilde{d}(s - \lambda_3 \dot{\tilde{d}}) - hs^2 - \eta |s| \quad (4.31)
\end{aligned}
$$

根据李亚普诺夫稳定性理论,为了使 $\dot{V} \leqslant 0$,选取自适应律为

$$
\left.
\begin{aligned}
\dot{\tilde{\beta}} &= \frac{1}{\lambda_1} g(x) su \\
\dot{\tilde{\theta}} &= \frac{1}{\lambda_2} f(x) s \\
\dot{\tilde{d}} &= \frac{1}{\lambda_3} s
\end{aligned}
\right\} \tag{4.32}
$$

将自适应律式(4.32)代入式(4.31)得 $\dot{V} = -hs^2 - \eta |s| \leqslant 0$,所以系统在李亚普诺夫条件下是稳定的,则 s、V 及参数的估计误差都是有界的。因为 $\dot{V} \leqslant 0$,所以 V 是非增函数,且 $V(0) \geqslant 0$,所以 $0 \leqslant V(t) < \infty$。由 Barbalat 定理得,当 $t \to \infty$ 时,$V \to 0$、$s \to 0$,进一步可以得到 $e \to 0$,所以系统跟踪误差是收敛的。

4.2.5　起竖系统积分与微分自适应滑模控制器设计

仍考虑第 2 章建立的起竖系统非线性模型,该模型是三阶系统:

$$
\left.
\begin{aligned}
\dot{x}_1 &= x_2 \\
\dot{x}_2 &= x_3 \\
\dot{x}_3 &= a_1 x_2 + a_2 x_3 + g(x_v) u / a_3 + a_4 + d(t) \\
y &= x_1
\end{aligned}
\right\} \tag{4.33}
$$

式中:x_1, x_2, x_3 为状态变量且可测;u 为输入;$d(t)$ 为外界干扰;y 为系统输出。

假设参数 a_1, a_2, a_3, a_4 存在不确定性,且都具有慢时变特性,外界干扰 $d(t)$ 也是慢时变的。

设跟踪目标信号为 y_d,下面设计一积分与微分自适应滑模控制器,使系统输出 y 跟踪目标信号 y_d,根据积分滑模理论,定义积分滑模函数为

$$s = c_1 x_1 + c_2 x_2 + x_3 + k \int_0^t (x_1 - y_d) \mathrm{d}\tau \tag{4.34}$$

对式(4.34)求导,得

$$\dot{s} = c_1 x_2 + c_2 x_3 + a_1 x_2 + a_2 x_3 + g(x_v) u / a_3 + a_4 + d(t) + k(x_1 - y_d) \tag{4.35}$$

为了不让自适应控制律中出现控制量 a_3,且参数 a_3 是大于零的,所以取 Lypaunov 函数为

$$V_0 = \frac{1}{2} a_3 s^2 \geqslant 0 \tag{4.36}$$

对式(4.36)求导,得

$$\dot{V}_0 = s[a_3 c_1 x_2 + a_3 c_2 x_3 + a_1 a_3 x_2 + a_2 a_3 x_3 + g(x_v)u + a_3 a_4 + a_3 d(t) + a_3 k(x_1 - y_d)] \tag{4.37}$$

为了简化后面控制器和自适应律的设计,令 $\xi_1 = a_1 a_3$,$\xi_2 = a_2 a_3$,$\xi_3 = a_3[a_4 + d(t)]$,则式(4.37)变为

$$\dot{V}_0 = s[a_3 c_1 x_2 + a_3 c_2 x_3 + \xi_1 x_2 + \xi_2 x_3 + g(x_v)u + \xi_3 + a_3 k(x_1 - y_d)] \tag{4.38}$$

由 4.1 节可知,如果系统不存在不确定性,控制器可设计为

$$u_0 = \frac{1}{g(x_v)}[-a_3 c_1 x_2 - a_3 c_2 x_3 - \xi_1 x_2 - \xi_2 x_3 - \xi_3 - a_3 k(x_1 - y_d) - hs - \eta \operatorname{sgn}(s)] \tag{4.39}$$

式中含有符号函数 $\operatorname{sgn}(s)$,容易引起系统的抖振,不利于系统控制,所以用微分控制来代替符号函数,以减小自适应控制初期由参数变化造成的抖动现象,设计微分控制器

$$u_d = -g(e)\dot{s} \tag{4.40}$$

式中:$g(e)$ 为一非线性函数,满足式(4.17)中的两个条件,为了消除后面自适应律中含有控制量,这里设计为

$$g(e) = \frac{a_3}{\lambda + \delta e^2} \tag{4.41}$$

式中:λ,δ 为正常数;$e = x_1 - y_d$。

由假设可知,参数 a_1、a_2、a_3、a_4 存在不确定性且是慢时变的,所以 ξ_1、ξ_2、ξ_3 也是慢时变的。因此,控制器式(4.39)中的时变参数用估计值,代替得到控制器:

$$u = \frac{1}{g(x_v)}[-\hat{a}_3 c_1 x_2 - \hat{a}_3 c_2 x_3 - \hat{\xi}_1 x_2 - \hat{\xi}_2 x_3 - \hat{\xi}_3 - \hat{a}_3 k(x_1 - y_d) - hs + u_d] \tag{4.42}$$

式中:$\hat{\xi}_1$,$\hat{\xi}_2$,$\hat{\xi}_3$,$\hat{a}_3$ 分别为参数 ξ_1,ξ_2,ξ_3,a_3 的估计值;$u_d = \dfrac{\hat{a}_3}{\lambda + \delta e^2}\dot{s}$。

为了得到参数 ξ_1,ξ_2,ξ_3,a_3 的自适应律,定义 Lyapunov 函数为

$$V = \frac{1}{2} a_3 s^2 + \frac{1}{2} \lambda_1 \tilde{\xi}_1^2 + \frac{1}{2} \lambda_2 \tilde{\xi}_2^2 + \frac{1}{2} \lambda_3 \tilde{\xi}_3^2 + \frac{1}{2} \lambda_4 \tilde{a}_3^2 \tag{4.43}$$

式中:$\tilde{\xi}_1$,$\tilde{\xi}_2$,$\tilde{\xi}_3$,$\tilde{a}_3$ 为参数 ξ_1,ξ_2,ξ_3,a_3 的估计误差,且 $\tilde{\xi}_1 = \xi_1 - \hat{\xi}_1$,$\tilde{\xi}_2 = \xi_2 - \hat{\xi}_2$,$\tilde{\xi}_3 = \xi_3 - \hat{\xi}_3$,$\tilde{a}_3 = a_3 - \hat{a}_3$;$\lambda_1$,$\lambda_2$,$\lambda_3$,$\lambda_4$ 均为大于零的常数。

由于 ξ_1,ξ_2,ξ_3,a_3 都是慢时变的,所以 $\dot{\tilde{\xi}}_1 = -\dot{\hat{\xi}}_1$,$\dot{\tilde{\xi}}_2 = -\dot{\hat{\xi}}_2$,$\dot{\tilde{\xi}}_3 = -\dot{\hat{\xi}}_3$,$\dot{\tilde{a}}_3 = -\dot{\hat{a}}_3$,对式(4.41)求导,并将式(4.40)代入得

$$\dot{V} = s\{\tilde{a}_3[c_1 x_2 + c_2 x_3 + k(x_1 - y_d)] + \tilde{\xi}_1 x_2 + \tilde{\xi}_2 x_3 + \tilde{\xi}_3 - hs\}/[1 + g(e)] -$$
$$\lambda_1 \tilde{\xi}_1 \dot{\hat{\xi}}_1 - \lambda_2 \tilde{\xi}_2 \dot{\hat{\xi}}_2 - \lambda_3 \tilde{\xi}_3 \dot{\hat{\xi}}_3 - \lambda_4 \tilde{a}_3 \dot{\hat{a}}_3$$
$$= \tilde{\xi}_1 \{sx_2/[1 + g(e)] - \lambda_1 \dot{\hat{\xi}}_1\} + \tilde{\xi}_2 \{sx_3/[1 + g(e)] - \lambda_2 \dot{\hat{\xi}}_2\} + \tilde{\xi}_3 \{s/[1 + g(e)] -$$
$$\lambda_3 \dot{\hat{\xi}}_3\} - hs^2 + \tilde{a}_3 \{s[c_1 x_2 + c_2 x_3 + k(x_1 - y_d)]/[1 + g(e)] - \lambda_4 \dot{\hat{a}}_3\} \tag{4.44}$$

取自适应律为

$$
\left.
\begin{aligned}
\dot{a}_3 &= \frac{1}{\lambda_4[1+g(e)]} s[c_1 x_2 + c_2 x_3 + k(x_1 - y_d)] \\
\dot{\xi}_1 &= \frac{1}{\lambda_1[1+g(e)]} s x_2, \quad \dot{\xi}_2 = \frac{1}{\lambda_2[1+g(e)]} s x_3, \quad \dot{\xi}_3 = \frac{1}{\lambda_3[1+g(e)]} s
\end{aligned}
\right\}
\tag{4.45}
$$

将自适应律式(4.45)代入式(4.44)得 $\dot{V} = -hs^2 \leqslant 0$，由 4.1 节可知，系统在李亚普诺夫条件下是稳定的，跟踪误差收敛。

4.3　基于时变积分自适应滑模的起竖过程控制

4.3.1　时变滑模控制

4.3.1.1　问题的描述

滑模控制的基本原理是使从任一点出发的状态通过滑模控制都能到达滑模面，并且一直沿着滑模面运动。由滑模控制理论可知，该过程主要包括到达阶段和滑动阶段两个阶段。4.2节中所提出的滑模控制器对参数不确定性和外部环境干扰只有在滑动阶段才具有鲁棒性，而到达阶段并不具备鲁棒性，容易受参数变化和外界环境的干扰而不能满足控制要求。所以为了消除到达阶段，在滑模面中引入了时变项，设计一种时变滑模控制器，使系统初始状态在零时刻就处于滑模面上，从而对参数变化和环境干扰具有全局鲁棒性，消除到达阶段。

4.3.1.2　时变滑模控制器的设计

传统滑模控制的滑模面都是定常不变的，而时变滑模控制就是在定常滑模面的基础上加入时变项构成时变滑模面。下述以具有标准形式的二阶非线性系统为例进行介绍，考虑二阶系统：

$$
\left.
\begin{aligned}
\dot{x}_1 &= x_2 \\
\dot{x}_2 &= \theta f(x) + \beta g(x) u + d(t) \\
y &= x_1
\end{aligned}
\right\}
\tag{4.46}
$$

式中：θ，β 为系统参数；$f(x)$、$g(x)$ 为已知函数，且 $\beta g(x) \neq 0$；u 为系统输入；y 为系统输出；$d(t)$ 为外界干扰，且 $|d(t)| \leqslant D$。

在时变滑模控制器设计前，首先要定义滑模面，对于传统滑模控制，滑模面函数定义为

$$
s = c_1 e_1 + e_2
\tag{4.47}
$$

式中：$c_1 > 0$；$e_1 = x_1 - y_d$；$e_2 = x_2 - \dot{y}_d$；y_d 为参考信号。

在定常滑模面中加入时变项，得到时变滑模面函数为

$$
s = c_1 e_1 + e_2 + \varphi(t)
\tag{4.48}
$$

式中：$\varphi(t)$ 为时变项，需满足 $t \to \infty$ 时，$\varphi \to 0$，一般选取为指数型时变滑模面，即 $\varphi(t) = m_1 e^{-t/n}$；$m_1$、$n$ 是常数，且 $n > 0$，n 越小，$m_1 e^{-t/n}$ 的收敛速度越快。

为了实现滑模控制的全局鲁棒性，令滑模的初始状态就在滑模面上，即 $t = 0$ 时，$s = 0$，则可以得到

$$
m_1 = -c_1 e_1(0) - e_2(0)
\tag{4.49}
$$

设计时变滑模控制器使输出跟踪参考信号,即 $\lim\limits_{t\to\infty}(y-y_d)=0$。

对式(4.48)求导,得

$$\dot{s}=c_1\dot{e}_1+\dot{e}_2+\dot{\varphi}(t)$$
$$=c_1e_2+\dot{x}_2-\ddot{y}_d+\dot{\varphi}(t) \tag{4.50}$$

综合式(4.46)和式(4.50)得

$$\left.\begin{aligned}\dot{s}s&=c_1\dot{e}_1+\dot{e}_2+\dot{\varphi}(t)\\&=s[c_1e_2+\theta f(x)+\beta g(x)u+d(t)-\ddot{y}_d-\frac{m_1}{n}e^{-t/n}]\end{aligned}\right\} \tag{4.51}$$

假设参数和外界干扰都是确定的,则控制器设计为

$$u=\frac{1}{\beta g(x)}[-c_1,e_2-\theta f(x)-d(t)+\ddot{y}_d+\frac{m_1}{n}e^{-t/n}-ks-D\,\text{sgn}(s)] \tag{4.52}$$

将式(4.52)代入式(4.51),得 $\dot{s}s=-ks^2-D|s|\leqslant 0$。

根据滑模控制理论可知,系统是渐近稳定的,系统状态到达滑模面($s=0$)后,将沿滑模面滑动,因为系统初始状态就在滑模面上,所以 $s(t)\equiv 0$。因此相比于传统滑模控制,时变滑模控制消除了滑模控制的到达阶段,保证了滑模控制的全局鲁棒性,提高了系统的稳定性。

4.3.2 时变积分自适应滑模控制

上述内容介绍了积分滑模控制和时变滑模控制,积分滑模控制可以消除参考信号的各阶导数必须已知的假设,并且可以抑制稳态误差,而时变滑模控制则使系统状态一开始就在滑模面上,消除了滑模控制的到达阶段,实现了全局滑模控制。因此,综合二者的优点,设计一种时变积分滑模控制器,以提高控制器的性能。针对研究的起竖系统,由于系统参数具有不确定性以及慢时变特性,虽然时变积分滑模控制具有一定的鲁棒性,但仍是基于模型的控制方法,当系统受到的干扰较大时,控制精度会降低,所以在时变积分滑模控制中加入自适应控制,提出一种时变积分自适应滑模控制方法,用自适应律来实现不确定参数和外界干扰的在线估计,以实现鲁棒跟踪控制的目的。下面给出起竖系统时变积分自适应滑模控制器的设计过程。

4.3.3 起竖系统时变积分自适应滑模控制器的设计

起竖系统模型如式(4.33)所示,设跟踪目标信号为 y_d,设计时变积分自适应滑模控制器,使系统输出 y 跟踪目标信号 y_d,根据积分滑模和时变滑模控制理论,定义滑模函数为

$$s=c_1x_1+c_2x_2+x_3+k\int_0^t z\,\mathrm{d}\tau+\theta(t) \tag{4.53}$$

式中:$z=x_1-y_d$;$c_1>0$;$c_2>0$;$k>0$;$\theta(t)$ 为时变项,根据4.3节时变滑模控制理论,$\theta(t)$ 需满足 $t\to\infty$ 时,$\theta\to 0$,选取指数型时变滑模面,即 $\theta(t)=m_1e^{-t/n}$,m_1、n 是常数,且 $n>0$。

因为系统初始状态就在滑模面上,即 $t=0$ 时,$s=0$,可得

$$m_1=-c_1x_1(0)-c_2x_2(0)-x_3(0)-k\int_0^t z(0)\mathrm{d}\tau \tag{4.54}$$

对式(4.53)求导得

$$\dot{s}=c_1x_2+c_2x_3+\dot{x}_3+kz-\frac{m_1}{n}e^{-t/n} \tag{4.55}$$

将系统状态方程式(4.33)代入式(4.55),得

$$\dot{s}=c_1x_2+c_2x_3+a_1x_2+a_2x_3+g(x_v)u/a_3+a_4+d(t)+kz-\frac{m_1}{n}e^{-t/n} \quad (4.56)$$

与 4.2 节积分与微分滑模控制一样,为避免在后面的自适应控制律的设计中含有控制量 u,产生循环嵌套,取 Lyapunov 函数为

$$V_1=\frac{1}{2}a_3s^2 \quad (4.57)$$

对式(4.57)求导得

$$\dot{V}_1=s\{c_1a_3x_2+c_2a_3x_3+[a_1a_3x_2+a_2a_3x_3+g(x_v)u+a_3a_4+ \\ a_3d(t)+a_3kz-\frac{a_3m_1}{n}e^{-t/n}]\} \quad (4.58)$$

令 $\xi_1=a_1a_3,\xi_2=a_2a_3,\xi_3=a_3[a_4+d(t)]$,则式(4.58)变为

$$\dot{V}_1=s\{c_1a_3x_2+c_2a_3x_3+[\xi_1x_2+\xi_2x_3+g(x_v)u+\xi_3+a_3kz-\frac{a_3m_1}{n}e^{-t/n}]\} \quad (4.59)$$

如果系统不存在不确定性,则控制器可以设计为

$$u_0=\frac{1}{g(x_v)}(-c_1a_3x_2-c_2a_3x_3-\xi_1x_2-\xi_2x_3-\xi_3-a_3kz+\frac{a_3m_1}{n}e^{-t/n}-hs) \quad (4.60)$$

起竖系统是复杂的非线性系统,系统参数具有不确定性和慢时变特性,而且工作环境也比较复杂,所以在时变积分滑模的基础上加入自适应控制,用自适应律来消除系统参数及环境干扰等因素的影响,提高控制器的鲁棒性。

定义参数 ξ_1,ξ_2,ξ_3,a_3 的在线估计值为 $\hat{\xi}_1,\hat{\xi}_2,\hat{\xi}_3,\hat{a}_3$,估计误差为 $\tilde{\xi}_1,\tilde{\xi}_2,\tilde{\xi}_3,\tilde{a}_3$,且 $\tilde{\xi}_i=\xi_i-\hat{\xi}_i,i=1,2,3,\tilde{a}_3=a_3-\hat{a}_3$。用估计值代替式(4.60)中的不确定参数,即

$$u=\frac{1}{g(x_v)}(-c_1\hat{a}_3x_2-c_2\hat{a}_3x_3-\hat{\xi}_1x_2-\hat{\xi}_2x_3-\hat{\xi}_3-\hat{a}_3kz+\frac{\hat{a}_3m_1}{n}e^{-t/n}-hs) \quad (4.61)$$

为了得到参数 ξ_1,ξ_2,ξ_3,a_3 的自适应律,定义 Lyapunov 函数为

$$V=\frac{1}{2}a_3s^2+\frac{1}{2}\lambda_1\tilde{\xi}_1^2+\frac{1}{2}\lambda_2\tilde{\xi}_2^2+\frac{1}{2}\lambda_3\tilde{\xi}_3^2+\frac{1}{2}\lambda_4\tilde{a}_3^2 \quad (4.62)$$

对式(4.62)求导,得

$$\dot{V}=s[(c_1a_3x_2+c_2a_3x_3+kz)+\xi_1x_2+\xi_2x_3+g(x_v)u+\xi_3+a_3kz-\frac{a_3m_1}{n}e^{-t/n}]- \\ \lambda_1\tilde{\xi}_1\dot{\tilde{\xi}}_1-\lambda_2\tilde{\xi}_2\dot{\tilde{\xi}}_2-\lambda_3\tilde{\xi}_3\dot{\tilde{\xi}}_3-\lambda_4\tilde{a}_3\dot{\tilde{a}}_3 \quad (4.63)$$

将控制量 u 代入式(4.63),得

$$\dot{V}=s[\tilde{a}_3(c_1x_2+c_2x_3+kz-\frac{m_1}{n}e^{-t/n})+\tilde{\xi}_1x_2+\tilde{\xi}_2x_3+\tilde{\xi}_3-hs]-\lambda_1\tilde{\xi}_1\dot{\tilde{\xi}}_1- \\ \lambda_2\tilde{\xi}_2\dot{\tilde{\xi}}_2-\lambda_3\tilde{\xi}_3\dot{\tilde{\xi}}_3-\lambda_4\tilde{a}_3\dot{\tilde{a}}_3 \\ =\tilde{\xi}_1(sx_2-\lambda_1\dot{\tilde{\xi}}_1)+\tilde{\xi}_2(sx_3-\lambda_2\dot{\tilde{\xi}}_2)+\tilde{\xi}_3(s-\lambda_3\dot{\tilde{\xi}}_3)-hs^2+ \\ \tilde{a}_3[s(c_1x_2+c_2x_3+kz-\frac{m_1}{n}e^{-t/n})-\lambda_4\dot{\tilde{a}}_3] \quad (4.64)$$

为使 $\dot{V}\leqslant0$,取参数的自适应律为

$$
\left.
\begin{aligned}
\dot{\hat{\xi}}_1 &= \frac{1}{\lambda_1} s x_2 \\
\dot{\hat{\xi}}_2 &= \frac{1}{\lambda_2} s x_3 \\
\dot{\hat{\xi}}_3 &= \frac{1}{\lambda_3} s \\
\dot{\hat{a}}_3 &= \frac{1}{\lambda_4} s \left(c_1 x_2 + c_2 x_3 + kz - \frac{m_1}{n} \mathrm{e}^{-t/n} \right)
\end{aligned}
\right\}
\tag{4.65}
$$

将自适应律式(4.65)代入式(4.64)得 $\dot{V} = -hs^2 \leqslant 0$，根据李亚普诺夫稳定性理论，系统是渐近稳定的。因此，s、V 及参数的跟踪误差 $\tilde{\xi}_1$，$\tilde{\xi}_2$，$\tilde{\xi}_3$，$\tilde{a}_3$ 都是有界的。

因为 $\dot{V} \leqslant 0$，所以 V 是非增函数，且 $V(0) \geqslant 0$，所以 $0 \leqslant V(t) < \infty$，由 Barbalat 定理得，当 $t \to \infty$ 时，$V \to 0$，$s \to 0$，所以系统跟踪误差收敛至零。

4.3.4 仿真验证

为了说明时变积分自适应滑模的控制效果，将该控制器用于起竖系统的跟踪控制，并和比例-积分-微分控制器(Proportional Integral Derivative，PID)控制器、传统积分滑模控制器以及前面提出的积分与微分自适应滑模控制器进行了对比仿真验证。和 4.2 节一样，仍假设系统参数即阻尼系数 B_c、弹性系数 β_e、起竖臂质量 M 和外界干扰 $d(t)$ 具有慢时变特性，且有以下形式：

$$
\begin{aligned}
B_c(t) &= B_{c0} + 0.04 B_{c0} \sin(0.2\pi t) \\
\beta_e(t) &= \beta_{e0} + 0.04 \beta_{e0} \sin(0.2\pi t) \\
M(t) &= M_0 + 0.04 M_0 \sin(0.2\pi t) \\
d(t) &= 4\,000 \sin(0.2\pi t)
\end{aligned}
$$

因此，参数 a_1，a_2，a_3，a_4，ξ_1，ξ_2，ξ_3 也是慢时变的。

通过调试得到时变积分自适应滑模控制器仿真参数如下：

$$
c_1 = 90; c_2 = 2\,700; k = 2.7 \times 10^4; h = 2\,000; n = 0.002
$$
$$
\lambda_1 = 1.2 \times 10^{-9}; \lambda_2 = 0.01; \lambda_3 = 1.2; \lambda_4 = 0.001
$$

用时变积分自适应滑模控制器对阶跃信号进行跟踪控制，得到仿真结果如图 4.1～图 4.3 所示。

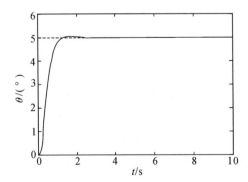

图 4.1 时变积分自适应滑模跟踪控制阶跃响应信号

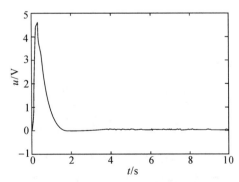

图 4.2 时变积分自适应滑模控制信号

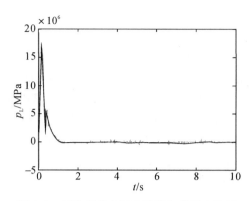

图 4.3　时变积分自适应滑模负载压力信号

图 4.1 和图 4.2 所示分别是时变积分自适应滑模控制的阶跃响应信号和控制信号,对比 4.2 节中的 3 种控制方法发现,在有参数不确定性和外界干扰的情况下,控制效果明显比 PID 控制、传统积分滑模控制好,和积分与微分自适应滑模控制相比,控制效果基本相同,都有较高的精度和稳定性。图 4.3 所示是系统的负载压力信号幅值曲线,可以看出曲线比较平稳,说明时变积分自适应滑模控制有较强的鲁棒性。

为了进一步验证时变积分自适应滑模(图中用 Varying Integral Adaptive Sliding Mode Control,VIASMC 表示)和积分与微分自适应滑模(图中用 Integral and Derivaltire Adaptire Sliding Mode Control,IDASMC 表示)的控制效果,下面对整个起竖过程进行跟踪控制。仿真结果如图 4.4～图 4.11 所示。

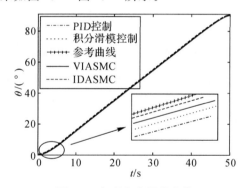

图 4.4　起竖角度跟踪曲线

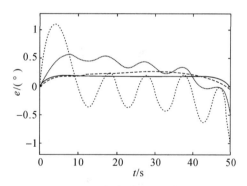

图 4.5　角度跟踪误差曲线

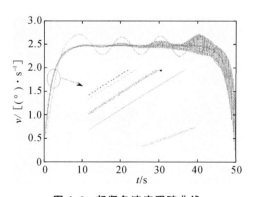

图 4.6　起竖角速度跟踪曲线

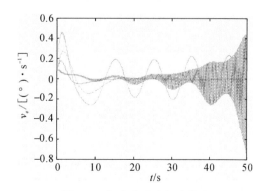

图 4.7　角速度跟踪误差曲线

仿真结果表明,在系统存在不确定参数和外界环境干扰的情况下,书中设计的时变积分自适应滑模控制器和积分与微分自适应滑模控制器都是稳定的,都能较好地跟踪目标信号。图4.4和图4.5分别是起竖角度跟踪曲线和角度跟踪误差曲线,可以发现两种控制器的跟踪精度明显比 PID 控制和积分滑模控制好,时变积分自适应滑模的最大跟踪误差 0.182 3°,到位误差 0.021 2°,积分与微分自适应滑模控制器的最大误差 0.243 3°,到位误差 0.053 5°,而 PID 控制器最大误差 1.141 3°,起竖到位后误差 1.049 1°,积分滑模控制器则分别为 0.577 3°和 0.426 5°。图 4.6 和图 4.7 所示分别是起竖角速度跟踪曲线和角速度跟踪误差曲线,发现传统控制方法容易受到参数变化和外界干扰的影响,存在较大的波动,特别是积分滑模控制器有高频的抖动,影响控制的稳定性,而时变积分自适应滑模控制和积分与微分自适应滑模控制器能实现变化参数和干扰的自适应调节,跟踪精度明显较高。

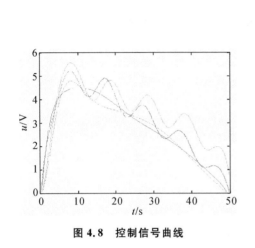

图 4.8　控制信号曲线

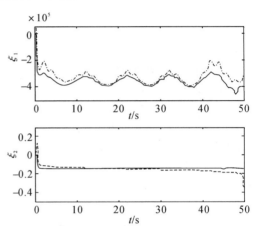

图 4.9　参数 ξ_1,ξ_2 的自适应变化曲线

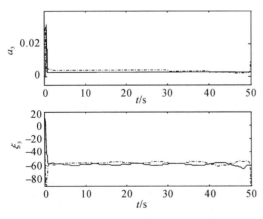

图 4.10　参数 ξ_3,a_3 的自适应变化曲线

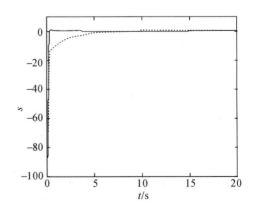

图 4.11　切换函数变化曲线

图 4.8 给出了不同控制器的输出信号曲线,发现时变积分自适应滑模控制器和积分与微分自适应滑模控制器的控制信号比较平滑,没有较明显的波动,而 PID 控制器和积分滑模控制器都存在不同程度的波动,特别是积分滑模控制器存在高频抖振,不利于实际应用。这主要

是因为书中提出的两种控制器即时变积分自适应滑横控制器与积分与微分自适应滑移控制器)加入了自适应控制,对参数和外界干扰能实现在线估计。参数 ξ_1,ξ_2,ξ_3,a_3 的自适应变化曲线如图 4.9 和图 4.10 所示,图中实线为时变积分自适应滑模控制器,虚线为积分与微分自适应滑模控制器,可以看出,两种控制器都能对参数和干扰做出快速调整,提高了控制器的鲁棒性。图 4.11 还给出了两种控制器的切换函数变化曲线,曲线很快就趋于零,说明书中所设计的两种控制器都是渐近稳定的,跟踪误差都收敛。同时由于时变积分自适应滑模控制一开始就在滑模面上,所以趋近速度更快一些。

4.4 基于 ESO 和时变积分自适应终端滑模的经纬仪转位控制

4.3.1 基于 ESO 的积分自适应滑模控制

从积分滑模控制器的构成可以发现,一方面控制器中包含符号函数 sgn(s),会引起系统控制抖振;另一方面控制器需要输入系统各状态量。在实际应用中,往往无法实现各状态量的直接测量,例如在经纬仪转位系统中,可以通过光电编码器等直接测量转位角度,而转位角速度则是通过角度差分求导获得的,由于角度测量过程会带有噪声信号,直接差分求导会给角速度引入高频噪声。

在介绍了积分滑模控制的基础上,本节设计了基于 ESO 的积分自适应滑模控制器,利用自适应控制消除系统参数 θ、β 引起的不确定性,采用 ESO 实时估计系统各状态量和外界干扰,将参数引起的不确定性和外界扰动分别处理,可减轻 ESO 估计压力,也可提高参数自适应效果。由于所采用的 ESO 具有有限时间收敛的特性,满足分离定理条件,因此控制器设计可与观测器设计分开进行。

(1)积分自适应滑模控制器设计。控制器要求获取参数不确定性的界,这对处于复杂工况下的经纬仪转位系统无疑是困难的,因此利用自适应控制在线估计系统时变参数,提高控制的鲁棒性。将自适应控制引入积分滑模控制中。一种积分自适应滑模控制器设计如下:

积分滑模面函数可定义为

$$s = c_1 x_1 + c_2 x_2 + \cdots + c_{n-1} x_{n-1} + x_n + k \int_0^t (x_1 - y_d) d\tau \tag{4.66}$$

对式(4.66)求导,得

$$\dot{s} = c_1 x_2 + c_2 x_3 + \cdots + c_{n-1} x_n + \dot{x}_n + k(x_1 - y_d) \tag{4.67}$$

为了满足系统可达性,要求满足

$$s\dot{s} = s\left[\sum_{i=1}^{n-1} c_i x_{i+1} - \theta f(x) + \beta g(x)u + d(t) + k(x_1 - y_d)\right] < 0 \tag{4.68}$$

不考虑系统的不确定性,基于趋近律的滑模控制器可设计为

$$u_0 = \frac{1}{\beta g(x)}\left[-\sum_{i=1}^{n-1} c_i x_{i+1} - \theta f(x) - k(x_1 - y_d) - d(t) - hs - \eta\,\mathrm{sgn}(s)\right] \quad (4.69)$$

将控制器式(4.69)代入式(4.68)，可得 $s\dot{s} = -hs^2 - \eta|s|$，所以当 $s \neq 0$ 时，$s\dot{s} < 0$，系统是稳定的，跟踪误差收敛。

如果考虑系统存在参数不确定性，将控制器式(4.69)中的不确定系统参数用估计值代替，得到积分自适应控制器：

$$u_0 = \frac{1}{\hat{\beta} g(x)}\left[-\sum_{i=1}^{n-1} c_i x_{i+1} - \hat{\theta} f(x) - k(x_1 - y_d) - d(t) - hs - \eta\,\mathrm{sgn}(s)\right] \quad (4.70)$$

式中：$\hat{\beta}$、$\hat{\theta}$ 分别是参数 β、θ 的估计值。

为了得到参数 β、θ 的自适应律，定义 Lyapunov 函数

$$V = \frac{1}{2}s^2 + \frac{1}{2}\lambda_1 \tilde{\beta}^2 + \frac{1}{2}\lambda_2 \tilde{\theta}^2 \quad (4.71)$$

式中：$\tilde{\beta}$、$\tilde{\theta}$ 为参数 β、θ 的估计误差，且 $\tilde{\beta} = \beta - \hat{\beta}$、$\tilde{\theta} = \hat{\theta}$，$\lambda_1$ 和 λ_2 均为大于零的常数。

综合式(4.70)、式(4.67)和系统方程，得

$$\dot{s} = \tilde{\theta}f(x) + \tilde{\beta}g(x)u - hs - \eta\,\mathrm{sgn}(s) \quad (4.72)$$

假设参数 β、θ 都是慢时变的，其导数都为零，则对式(4.71)求导得

$$\dot{V} = s\dot{s} - \lambda_1 \tilde{\beta}\dot{\hat{\beta}} - \lambda_2 \tilde{\theta}\dot{\hat{\theta}} \quad (4.73)$$

将式(4.72)代入式(4.73)，得

$$\dot{V} = s[\tilde{\theta}f(x) + \tilde{\beta}g(x)u - hs - \eta\,\mathrm{sgn}(s)] - \lambda_1\tilde{\beta}\dot{\hat{\beta}} - \lambda_2\tilde{\theta}\dot{\hat{\theta}}$$
$$= \tilde{\beta}[g(x)su - \lambda_1\dot{\hat{\beta}}] + \tilde{\theta}[f(x)s - \lambda_2\dot{\hat{\theta}}] - hs^2 - \eta|s| \quad (4.74)$$

根据 Lyapunov 稳定性理论，为了使 $\dot{V} \leq 0$，选取自适应律为

$$\left.\begin{array}{l} \dot{\hat{\beta}} = \dfrac{1}{\lambda_1}g(x)su \\[2mm] \dot{\hat{\theta}} = \dfrac{1}{\lambda_2}f(x)s \end{array}\right\} \quad (4.75)$$

将自适应律式(4.75)代入式(4.74)，得 $\dot{V} = -hs^2 - \eta|s| \leq 0$，所以系统在 Lyapunov 条件下是稳定的，则 s、V 及参数的估计误差都是有界的。因为 $\dot{V} \leq 0$，所以 V 是非增函数，且 $V(0) \geq 0$，因此 $0 \leq V(t) < \infty$，由 Barbalat 定理得，当 $t \to \infty$ 时，$V \to 0$、$s \to 0$，进一步可以得到 $e \to 0$，所以系统跟踪误差是收敛的。

(2)扩张观测器设计。从控制律式(4.70)的设计过程中可以看出，控制律用到 x_1 的各阶导数，即 $x_n (n=2,\cdots)$。在实际应用时，通过传感器直接测量各阶导数值会比较困难，只能采取差分求导的方式获得，但差分限制了求导精度，过多的传感器也会引起系统复杂化，增加成本。而大多数状态观测器对于非线性系统观测效果较差，观测速度慢。扩张状态观测器是一个动态过程，只利用原对象的输入、输出信息来确定系统内部所有信息，获得系统状态的观测值，没有涉及描述对象传递关系函数的任何信息。ESO 的优势是可对模型不确定性和外部扰动实时作用进行观测，并利用其实现动态补偿线性化及扰动抑制。

针对系统在此假设系统参数 θ、β 已知，$d(t)$ 为外界不确定干扰。构造高阶非线性 ESO 形式为

$$
\left.
\begin{aligned}
e &= z1 - y \\
\dot{z}_1 &= z_2 - \beta_{01} g_1(e) \\
\dot{z}_2 &= z_3 - \beta_{02} g_2(e) \\
\dot{z}_n &= z_{n+1} - \beta_{0n} g_n(e) + \theta f(x) + \beta g(x) u \\
\dot{z}_{n+1} &= -\beta_{0n+1} g_{n+1}(e)
\end{aligned}
\right\}
\tag{4.76}
$$

式中：$\beta_{0i}(i=1,2,\cdots,n)$ 为需要设计的观测器参数；$z_i(i=1,2,\cdots,n)$ 分别为系统状态 $x_i(i=1,2,\cdots,n)$ 的观测值；z_{n+1} 为系统外界干扰 $d(t)$ 的估计值；$g_i(e)(i=1,2,\cdots,n+1)$ 是满足条件 $eg_i(e) \geqslant 0$ 的适当的非线性函数。

一般，$g_i(e)$ 可采用 $\mathrm{fal}(e,a,d)$ 函数表示，其表达式为

$$
\mathrm{fal}(e,a,d)
\begin{cases}
|e|^a \mathrm{sgn}(e), & |e| > d \\
\dfrac{e}{d^{1-a}}, & |e| \leqslant d
\end{cases}
\tag{4.77}
$$

引理 4.1　对于式（4.76）所示的高阶非线性扩张观测器，假设系统状态 z_1 和控制量 u 有界且 Lebesgue 可测，则通过选择合适的参数 $\beta_{0i}(i=1,2,\cdots,n)$，可使得状态观测值 $z_i(i=1,2,\cdots,n)$ 以及扰动估计值 z_{n+1} 在有限时间内收敛到其真实值。

综上所述，可将式（4.76）所观测到的系统状态和外界扰动估计值 $z_i(i=1,2,\cdots,n+1)$ 应用于设计的积分自适应滑模控制器中，构造的基于 ESO 的积分自适应滑模控制律如下：

$$
u = \frac{1}{\hat{\beta}g(z)} \Big[-\sum_{i=1}^{n-1} c_i z_{i+1} - \hat{\theta} f(z) - k(z_1 - y_d) - z_{n+1} - h\hat{s} - \eta\,\mathrm{sgn}(s) \Big]
\tag{4.78}
$$

式中：系统非线性函数 $g(x)$ 和 $f(x)$ 中的状态量 x 利用估计值代替，则滑模面重新表示为

$$
\hat{s} = c_1 z_1 + c_2 z_2 + \cdots + c_{n-1} z_n + k \int_0^t (z_1 - y_d)\,\mathrm{d}\tau
\tag{4.79}
$$

通过在滑模控制器中引入自适应控制实时更新系统参数 β、θ 以及引入系统外界扰动估计值 z_{n+1} 可有效提高系统的控制精度，抑制系统的控制抖振。

4.3.2　时变滑模控制

4.3.2.1　问题的描述

滑模控制作为一种变结构控制方法，其重要特点为：当系统相轨迹运动到滑模面时，对外界干扰及系统参数不确定性有着强鲁棒性，然而对系统状态在趋近到滑模面阶段时的鲁棒性则并不能保证。有学者提出增大切换增益方法，它虽然在一定程度上能加速趋近过程，缩短趋近时间，但会导致在趋近运动的开始时刻系统控制输入过大，可能会引起系统抖振问题。

针对上述滑模控制中存在的问题，为缩短或消除滑模控制中的趋近阶段，一些学者提出了时变滑模控制的概念，利用时变滑模面代替时不变滑模面，在滑模面的设计中引入了时变项来

保证滑模面在初始时刻穿过系统的初始状态趋近并稳定于滑模面,这样做可大大缩短或者直接消除趋近阶段,保证了系统参数摄动和外界干扰的全局鲁棒性。时变滑模面的设计形式较多,但总体朝着简化参数选择方法、提高控制精度和抑制抖振等方向发展。

4.3.2.2 时变滑模控制器的设计

滑模控制中的滑模面通常被设计为时不变函数,以此为基础,可在时不变滑模函数中增加时变项构成时变滑模面。

考虑二阶非线性系统为

$$\left.\begin{array}{l} \dot{x}_1 = x_2 \\ \dot{x}_2 = \theta f(x) + \beta g(x)u + d(t) \\ y = x_1 \end{array}\right\} \tag{4.80}$$

式中:θ、β 为系统参数;非线性函数 $f(x)$、$g(x)$ 已知,且 $\beta g(x) \neq 0$;$d(t)$ 为系统外界干扰,且存在上界,即 $|d(t)| \leqslant D$。

合理设计滑模面是进行时变滑模控制器设计的基础。传统时不变滑模控制的滑模面函数式可设计为

$$s = c_1 e_1 + e_2 \tag{4.81}$$

式中:$c_1 > 0$;$e_1 = x_1 - y_d$,$e_2 = x_2 - \dot{y}_a$,$\dot{y}_d$ 为跟踪目标信号。

以滑模面函数式(4.81)为基础,增加时变项,时变滑模面可设计为

$$s = c_1 e_1 + e_2 + \varphi(t) \tag{4.82}$$

式中:$\varphi(t)$ 为时变项,当 $t \to \infty$ 时,$\varphi \to 0$,一般选择指数型函数作为时变项,即 $\varphi(t) = m_1 e^{-t/n}$,其中,$m_1$、$n$ 为常数,且 $n > 0$。

为保证滑模控制具有全局鲁棒特性,要求初始时刻的系统状态就处于滑模面,即 $t = 0$ 时,$s = 0$。

根据时变滑模面函数式(4.82)和指数型时变项,则有

$$m_1 = -c_1 e_1(0) - e_2(0) \tag{4.83}$$

进一步,对时变滑模面函数式(4.82)求导,得

$$\begin{aligned} \dot{s} &= c_1 \dot{e}_1 + \dot{e}_2 + \dot{\varphi}(t) \\ &= c_1 e_2 + \dot{x}_2 - \ddot{y}_d + \dot{\varphi}(t) \end{aligned} \tag{4.84}$$

式中:y_d 为系统跟踪目标信号。

结合式(4.80)和式(4.84),整理得

$$\begin{aligned} s\dot{s} &= c_1 \dot{e}_1 + \dot{e}_2 + \dot{\varphi}(t) \\ &= s(c_1 e_2) + \theta f(x) + \beta g(x)u + d(t) - \ddot{y}_d - \frac{m_1}{n}e^{-t/n} \end{aligned} \tag{4.85}$$

时变滑模控制器可设计为

$$u = \frac{1}{\beta g(x)}\left[-c_1 e_2 - \hat{\theta}f(x) - d(t) + \dot{y}_d + \frac{m_1}{n}e^{-t/n} - ks - D\operatorname{sgn}(s) \right] \tag{4.86}$$

将控制器式(4.86)代入式(4.85),可得 $s\dot{s} - ks^2 - D|s| \leqslant 0$。利用 Lyapunov 稳定性理论,证

明了控制系统的稳定性,说明系统状态一旦在初始时刻进入滑模面(即 $s=0$),就会一直沿着此滑模面运动。所以,时变滑模控制方法消除了传统时不变滑模控制的趋近阶段,只保留了滑模阶段,保证了系统全局鲁棒性。

4.3.3　基于 ESO 的经纬仪转位系统时变积分自适应终端滑模控制

上述分别介绍了基于 ESO 的积分自适应滑模控制和时变滑模控制。基于 ESO 的积分自适应滑模控制能有效避免获取目标信号的各阶导数信息和传感器测量系统状态量,系统状态量和外界干扰也可通过 ESO 估计,系统参数不确定性通过自适应控制实时更新,有效抑制稳态误差;而时变滑模实现了全局滑模控制。为了提高系统控制性能,将前面两种控制方法有效结合,设计一种基于 ESO 的时变积分自适应终端滑模控制器,其终端滑模面为积分滑模函数,并应用于经纬仪转位控制。根据 ESO 满足分离定理条件,在控制器设计过程中,首先设计时变积分滑模控制器,然后考虑系统参数变化,加入自适应控制,最后将设计的 ESO 输出,即将系统状态估计值和外界干扰估计值代入控制器中。

(1)假设系统的目标跟踪信号为 y_d。时变积分滑模面函数设计为

$$s = c_1 x_1 + c_2 x_2 + x_3 + k \int_0^t z \mathrm{d}\tau + \varphi(t) \tag{4.87}$$

式中:$z = x_1 - y_d$;$c_1 > 0$;$c_2 > 0$,$k > 0$;$\varphi(t)$ 为指数型时变项,即 $\varphi(t) = m_1 \mathrm{e}^{-t/n}$,其中 m_1,n 为常数,且 $n > 0$。

为了保证系统全局鲁棒性,要求初始时刻 $t = 0$,时变滑模面函数 $s = 0$,得

$$m_1 = c_1 x_1(0) - c_2 x_2(0) - x_3(0) - k \int_0^t z(0) \mathrm{d}\tau \tag{4.88}$$

进一步,对时变滑模面函数 s 求导,得

$$\dot{s} = c_1 x_2 + c_2 x_3 + \dot{x}_3 + kz - \frac{m_1}{n} \mathrm{e}^{-t/n} \tag{4.89}$$

综合系统模型和式(4.89),得

$$\dot{s} = c_1 x_2 + c_2 x_3 + a_1 x_2 + a_2 x_3 + u/a_3 + (a_4 + a_5 x_2) g(x_2) + F + kz - \frac{m_1}{n} \mathrm{e}^{-t/n} \tag{4.90}$$

因系统参数 $a_3 > 0$,Lyapunov 函数可设计为

$$V_1 = \frac{1}{2} a_3 s^2 \tag{4.91}$$

进一步对式(4.91)求导,得

$$\dot{V}_1 = s\{c_1 a_3 x_2 + c_2 a_3 x_3 + [a_1 a_3 x_2 + a_2 a_3 x_3 + u + a_3 a_4 g(x_2) + $$
$$a_3 a_5 x_2 g(x_2) + a_3 F + a_3 kz - \frac{a_3 m_1}{n} \mathrm{e}^{-t/n}]\} \tag{4.92}$$

令 $\xi_1 = a_1 a_3$,$\xi_2 = a_2 a_3$,$\xi_3 = a_3 a_4$,$\xi_4 = a_3 a_5$,则式(4.92)可化简为

$$\dot{V}_1 = s[c_1 a_3 x_2 + c_2 a_3 x_3 + (\xi_1 x_2 + \xi_2 x_3 + u + \xi_3 g(x_2) +$$
$$\xi_4 x_2 g(x_2) + a_3 F + a_3 kz - \frac{a_3 m_1}{n}e^{-t/n}] \tag{4.93}$$

在不考虑系统的不确定性时,控制器可设计为

$$u_0 = -c_1 a_3 x_2 - c_2 a_3 x_3 - \xi_1 x_2 - \xi_2 x_3 - \xi_3 g(x_2) -$$
$$\xi_4 x_2 g(x_2) - a_3 F - a_3 kz + \frac{a_3 m_1}{n}e^{-t/n} - hs \tag{4.94}$$

(2)实际上,转位系统具有很强的不确定性,主要来自于系统参数的摄动和复杂工况下的外界干扰。为此,需要在时变积分滑模控制中引入自适应控制,在线估计系统的时变参数,消除不确定性带来的影响,从而提高系统的鲁棒特性。

设系统参数 $\xi_1,\xi_2,\xi_3,\xi_4,a_3$ 的估计值分别为 $\hat{\xi}_1,\hat{\xi}_2,\hat{\xi}_3,\hat{\xi}_4,\hat{a}_3$,其中,估计误差 $\tilde{\xi}_i = \xi_i - \hat{\xi}_i$, $i=1,2,3,4$, $\tilde{a}_3 = a_3 - \tilde{a}_3$。因此,控制器式(4.94)可重新表示为

$$u_1 = -c_1 \hat{a}_3 x_2 - c_2 \hat{a}_3 x_3 - \tilde{\xi}_1 x_2 - \tilde{\xi}_2 x_3 - -\tilde{\xi}_3 g(x_2) -$$
$$\tilde{\xi}_4 x_2 g(x_2) - \hat{a}_3 F - \hat{a}_3 kz + \frac{\hat{a}_3 m_1}{n}e^{-t/n} - hs - \eta \text{sgn}(s) \tag{4.95}$$

利用 Lyapunov 稳定性理论,获取各系统参数 $\xi_1,\xi_2,\xi_3,\xi_4,a_3$ 的自适应律。Lyapunov 函数可定义为

$$V = \frac{1}{2}a_3 s^2 + \frac{1}{2}\lambda_1 \xi_1^2 + \frac{1}{2}\lambda_2 \xi_2^2 + + \frac{1}{2}\lambda_3 \xi_3^2 + \frac{1}{2}\lambda_4 \tilde{a}_3{}^2 \tag{4.96}$$

进一步,对 V 进行求导得

$$\dot{V} = s[c_1 a_3 x_2 + c_2 a_3 x_3 + \xi_1 x_2 + \xi_2 x_3 + u_1 + \xi_3 g(x_2) + \xi_4 x_2 g(x_2) + a_3 F + a_3 kz -$$
$$\frac{a_3 m_1}{n}e^{-t/n}] - \lambda_1 \tilde{\xi}_1 \dot{\hat{\xi}}_1 - \lambda_2 \tilde{\xi}_2 \dot{\hat{\xi}}_2 - \lambda_3 \tilde{\xi}_3 \dot{\hat{\xi}}_3 - \lambda_4 \tilde{\xi}_4 \dot{\hat{\xi}}_4 - -\lambda_5 \tilde{a}_3 \dot{\hat{a}}_3 \tag{4.97}$$

接着,将式(4.94)代入式(4.97)得

$$\dot{V} = s[\tilde{a}(c_1 x_2 + c_2 x_3 + F + kz - \frac{m_1}{n}e^{-t/n})\tilde{\xi}_1 x_2 + \tilde{\xi}_2 x_3 + \tilde{\xi}_3 g(x_2) + \tilde{\xi}_4 x_2 g(x_2) - hs -$$
$$\eta \text{sgn}(s)] - \lambda_1 \tilde{\xi}_1 \dot{\hat{\xi}}_1 - \lambda_2 \tilde{\xi}_2 \dot{\hat{\xi}}_2 - \lambda_3 \tilde{\xi}_3 \dot{\hat{\xi}}_3 - \lambda_4 \tilde{a}_3 \dot{\hat{a}}_3$$
$$= \tilde{\xi}_1(sx_2 - \lambda_1 \dot{\hat{\xi}}_1) + \tilde{\xi}_2(sx_3 - \lambda_2 \dot{\hat{\xi}}_2) + \tilde{\xi}_3(sg(x_2) - \lambda_3 \dot{\hat{\xi}}_3) + \tilde{\xi}_4[sx_2 g(x_2) - \lambda_4 \dot{\hat{\xi}}_4] -$$
$$hs^2 - \eta|s| + \tilde{a}_3[s(c_1 x_2 + c_2 x_3 + F + kz - \frac{m_1}{n}e^{-t/n}) - \lambda_5 \dot{\hat{a}}_3] \tag{4.98}$$

为了满足系统稳定性条件 $\dot{V} \leqslant 0$,系统参数的自适应律可设计为

$$\left.\begin{array}{l}\dot{\hat{\xi}}_1 = \frac{1}{\lambda_1}sx_2,\ \dot{\hat{\xi}}_2 = \frac{1}{\lambda_2}sx_3,\ \dot{\hat{\xi}}_3 = \frac{1}{\lambda_3}sg(x_2),\ \dot{\hat{\xi}}_4 = \frac{1}{\lambda_4}sx_2 g(x_2)\\[2mm] \dot{\hat{a}}_3 = \frac{1}{\lambda_5}sc_1 x_2 + c_2 x_3 + F + kz - \frac{m_1}{n}e^{-t/n}\end{array}\right\} \tag{4.99}$$

从控制器和自适应律设计过程易见系统具有稳定性。

(3)将系统状态 x_1,x_2,x_3 的估计值 z_1,z_2,z_3 和系统外界干扰 F 的估计值 z_4 代入控制

器[式(4.95)]中,因此,基于 ESO 的时变积分自适应终端滑模控制器可表示为

$$u = -c_1 \hat{a}_3 z_2 - c_2 \hat{a}_3 z_3 - \hat{\xi}_1 z_2 - \hat{\xi}_2 z_3 - \hat{\xi}_3 g(z_2) - \hat{\xi}_4 z_2 g(z_2) -$$

$$\hat{a}_3 z_4 - \hat{a}_3 kz + \frac{\hat{a}_3 m_1}{n} e^{-t/n} - \hat{h}s - \eta \operatorname{sgn}(\hat{s}a) \tag{4.100}$$

式中:$s = c_1 z_1 + c_2 z_2 + z_3 + k \int_0^t (z_1 - y_d) d\tau + m_1 e^{-t/n}$ 。

4.3.4　仿真验证

本小节分别将基于 ESO 的时变积分自适应终端滑模控制器和普通积分滑模控制器应用于经纬仪转位系统的跟踪控制,并对这两种方法进行了对比仿真。设转位系统参数电机绕组线电阻 r_a、电机绕组等效线电感 L_a、阻尼系数 B_v、转动惯量 J_m、电机转矩系数 k_T、外界干扰 F 分别为

$$r_a(t) = r_{a0}[1 + 0.04\sin(0.2\pi t)]; J_m(t) = J_{m0}[1 + 0.04\sin(0.2\pi t)];$$

$$B_v(t) = B_{v0}[1 + 0.04\sin(0.2\pi t)]; L_a(t) = L_{a0}[1 + 0.04\sin(0.2\pi t)];$$

$$k_e(t) = k_{e0}[1 + 0.04\sin(0.2\pi t)]; k_T(t) = k_{T0}[1 + 0.04\sin(0.2\pi t)];$$

$$d(t) = 50\ 000\sin(0.2\pi t)$$

式中:$r_{a0}, L_{a0}, B_{v0}, J_{m0}, k_{T0}$ 为系统标称值。

设计的控制器式(4.64)仿真参数:$c_1 = 90; c_2 = 2900; k = 3.3 \times 10^4; h = 2\ 000; \eta = 0.02; n = 2 \times 10^{-3}; \lambda_1 = 1.0 \times 10^{-3}; \lambda_2 = 100; \lambda_3 = 2.4 \times 10^{-5}; \lambda_4 = 0.12; \lambda_5 = 1.2 \times 10^5$ 。

ESO 参数:$\beta_{01} = 40; \beta_{02} = 700; \beta_{03} = 2\ 000; \beta_{04} = 16\ 500; d = 0.2$ 。

(1)利用基于 ESO 的时变积分自适应终端滑模控制器和普通积分滑模控制对恒值信号进行跟踪控制,目标信号为 $y_d = 1°$,仿真结果如图 4.12 和图 4.13 所示。

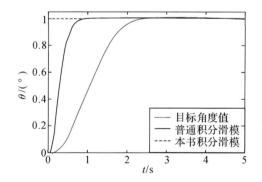

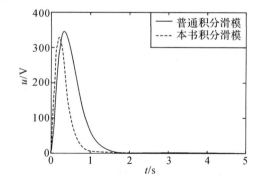

图 4.12　时变积分自适应终端滑模跟踪控制　　图 4.13　时变积分自适应终端滑模控制信号

从图 4.12 和图 4.13 中可以看出,基于 ESO 的时变积分自适应终端滑模控制方法具有比普通积分滑模控制更高的响应速度,利用 1.05 s 即可实现系统收敛,而普通积分滑模需 2.5 s。无法实现不确定量的实时估计,会导致切换增益项设计时过大,引起系统控制的抖振,也会使

普通滑模控制下的跟踪误差增大;而在同样情况下,当采用提出的基于 ESO 的时变积分自适应终端滑模控制方法时,实现了系统的连续控制,消除了系统的抖振现象,因此具有较强的实用价值,在表明该方法具有很强的鲁棒特性的同时,也提高了跟踪精度。

(2)以运动轨迹规划曲线作为系统目标跟踪信号,并将基于 ESO 的时变积分自适应终端滑模控制方法应用于经纬仪转位系统控制中,仿真结果如图 4.14~图 4.20 所示。

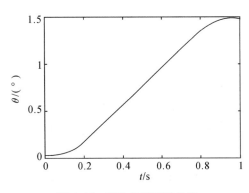

图 4.14 转位角度跟踪曲线

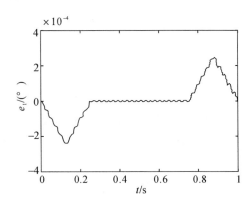

图 4.15 角度跟踪误差曲线

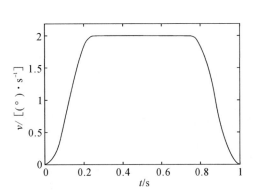

图 4.16 转位角速度跟踪曲线

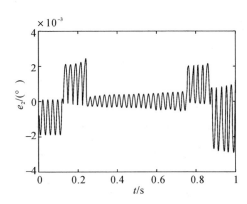

图 4.17 角速度跟踪误差曲线

观察图 4.14 和图 4.15 的曲线变化,利用时变积分自适应终端滑模控制方法,最大角度跟踪误差约为 $2.42 \times 10^{-4}°$,转位定位角度误差约为 $2.82 \times 10^{-6}°$,获得了较高的控制精度,与前面 PID 控制和普通积分滑模控制仿真结果相比较,有较大提高。同理,观察图 4.16 和图 4.17,可以看到角速度跟踪误差存在低频波动,与系统外界干扰同频,与普通积分滑模控制的高频抖振不同,说明了基于 ESO 的时变积分自适应终端滑模控制的鲁棒性。

滑模切换函数 s 如图 4.18 所示,可以发现通过设计时变积分滑模面可以完成系统状态收敛,且稳定后基本消除了抖振现象。时变积分自适应终端滑模控制器的输出量如图 4.19 所示,控制信号平滑,不存在 PID 控制器输出信号的明显波动,以及普通积分滑模控制器输出信号的高频抖振。将自适应控制引入时变积分自适应终端滑模控制中,实现了对系统参数和外界干扰的估计,消除了不确定的因素影响,有效抑制了系统抖振。其中,系统参数 $\xi_1,\xi_2,\xi_3,$ ξ_4,a_3 的自适应变化曲线如图 4.20 所示,由图可知,设计的自适应律能够有效地在线估计系统中的不确定参数。

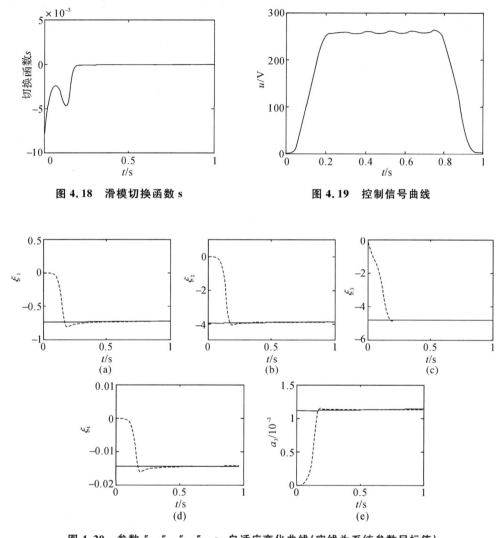

图 4.18　滑模切换函数 s　　　　　图 4.19　控制信号曲线

图 4.20　参数 $\xi_1,\xi_2,\xi_3,\xi_4,a_3$ 自适应变化曲线(实线为系统参数目标值)

(a)ξ_1 自适应变化曲线;(b)ξ_2 自适应变化曲线;(c)ξ_3 自适应变化曲线;(d)ξ_4 自适应变化曲线;(e)a_3 自适应变化曲线

4.5　本章小结

　　用传统滑模实现转位系统的跟踪控制主要存在两个问题:①期望信号的各阶导数必须已知;②在滑模的趋近运动阶段对参数不确定性和外界干扰没有鲁棒性。因此,针对第一个问题,本章将积分滑模控制引入转位过程的跟踪控制,消除了期望信号各阶导数必须已知的假设,并加入微分控制来抑制控制过程中的抖振问题,进一步与自适应控制相结合,设计了一种积分与微分自适应滑模控制器。针对第二个问题,本章引入了时变滑模控制,使系统的初始状态就在滑模面上,从而消除了滑模的趋近运动阶段,使控制具有全局鲁棒性,并和积分滑模控制、自适应控制结合,提出了一种时变积分自适应滑模控制方法。此处,还将 ESO 与自适应控制相结合在线估计系统不确定项,抑制控制过程中的抖振现象,提出了基于 ESO 的积分自适应终端滑模控制方法。将设计的 3 种控制方法用于转位过程的跟踪控制,和 PID 控制、传统积分滑模控制进行了对比仿真。结果表明,和传统的控制方法相比,提出的时变积分滑模控制方法有较高控制精度和稳定性,且对参数不确定性和外界干扰有较强的鲁棒性。

第5章 基于自抗扰的转位系统非奇异快速终端滑模控制

5.1 引 言

系统不确定性主要来源于系统建模的未知动态和系统的外部扰动,此数据通常不可测。在利用消除误差来实现控制目标的过程中,施加合适的控制力来抵消各种不确定外扰作用的影响是首要任务。目前,可采用滑模控制和鲁棒控制等控制方法来应对系统的不确定性,但这些控制方法往往以牺牲控制量为代价;也可采用对不确定性实时估计并补偿的控制方法,实现控制量的最小化,其中,基于扰动观测器(Disturbance OBserver,DOB)的控制就是例子。在滑模控制中,采用 DOB 技术在线估计系统不确定性或扰动量,会减小滑模切换增益 k,有效抑制系统抖振。除了系统扰动,一些系统内部状态也需要获取,但有时并不能直接利用传感器测量。在实际控制中,即使能够测量,但感兴趣的状态量过多,也会花费过多硬件,且测量结果并非都能令人满意。如电机伺服系统中的速度信号一般采用位置编码器差分获得,高精度编码器增大了系统尺寸、增加了系统成本,但差分方法获取速度信号精度和抗干扰问题仍有待研究。

为了解决上述问题,进一步提高控制性能,本章内容将自抗扰控制技术与终端滑模控制技术相结合,提出了自抗扰终端滑模控制。自抗扰控制(Active Disturbances Rejection Controller,ADRC)技术是由韩京清教授提出的,是一种解决系统不确定性及外部扰动非常有效的控制策略。ADRC 最显著的特点就是把作用于被控对象的所有不确定因素作用都归结为"未知扰动",而用对象的输入输出信息对它进行估计并加以补偿。

本章在介绍 ADRC 技术的基础上,以经纬仪转位系统为控制对象,研究了 ADRC 参数整定方法和流程,分析了在不同参考信号和系统参数摄动情况下经纬仪 ADRC 控制特性;设计了自抗扰非奇异快速终端滑模控制器,并在已给出的参数整定基础上采用了基于粒子群算法(Particle Swarm Optimization,PSO)的控制器参数智能整定方法;将自抗扰非奇异快速终端滑模控制器应用到经纬仪转位系统控制中。

5.2 自抗扰控制技术

PID 在航空航天、运动控制及其他过程控制领域中,仍占据 90% 以上的份额。经典 PID 依靠实际值与目标值之间的误差决定消除此误差的控制策略,而不是依靠对象的输入-输出模型决定控制策略,即只要选择合适的 PID 增益满足闭环系统稳定性条件,就可以达到对象的控制性能。经典 PID 控制反馈律可表示为

$$u = k_0 \int_0^t e(\tau)\,\mathrm{d}\tau + k_1 e + k_2 \frac{\mathrm{d}e}{\mathrm{d}t} \tag{5.1}$$

式中：k_0，k_1，k_2 分别为 PID 各项增益。

　　随着实际应用中对控制速度、控制精度和对环境变化的适应性要求不断提高，PID 控制的缺点也逐渐显现出来，主要包括：①一旦被控对象随环境变化，需要实时调整 PID 增益，但实现起来会受到一定的限制；②在 PID 控制中，微分器物理实现困难，会引起噪声放大，通常采用的是 PI 控制，弱化了 PID 控制能力；③PID 是误差比例、积分、微分的适当组合构成控制量。经典的 PID 控制采用三者线性组合，研究发现线性组合往往不是最理想的组合方式，尤其针对非线性系统，因此，研究更为有效的误差组合方式将是基于状态误差反馈控制的重要方向。

　　韩京清基于对 PID 控制的充分认知（尤其是对其缺陷的清晰分析）及根据多年实际控制工程经验提出了新型高品质控制器-自抗扰控制器，已在现代武器系统、精密机械加工、电力系统等领域得到广泛应用。ADRC 由跟踪微分器（Tracking Differentiator，TD）、扩张状态观测器（Extended State Observer，ESO）和非线性状态误差反馈（NonLinear State Error Feedback，NLSEF）三部分组成：①TD 完成系统输入信号的良好跟踪及其微分；②ADRC 将系统参数不确定性和外界干扰作为整体扰动，并对系统状态量和整体扰动进行估计；③利用 NLSEF 补偿扰动分量。总之，ADRC 是利用 TD 和 ESO 分别处理输入信号和系统输出，并选择适当的 NLSEF 获得系统的自抗扰鲁棒控制律，其结构如图 5.1 所示。

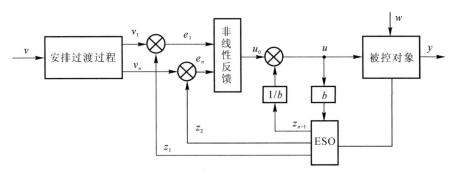

图 5.1　自抗扰控制器的组成

　　图 5.1 中，n 阶 TD 具有快速无超调的过渡过程，并给出参考输入 v 的各阶导数跟踪信号 $v_1,\cdots,v_n$，$n+1$ 阶 ESO 估计对象的各阶状态变量 $z_1,\cdots,z_n$ 和对象总扰动的实时作用量 z_{n+1}〔经常写为总扰动的观测值 $a(t)$〕；NLSEF 是利用 TD 和 ESO 对应输出量之间的误差产生控制量 u。扰动量 $a(t)$ 被用于系统的前馈补偿。

　　（1）跟踪微分器（TD）。二阶系统信号的过渡过程，利用 TD 同时获取过渡信号 v_1 和它的微分信号 v_2，是用惯性环节来实现快速跟踪输入信号的动态特性，通过求解微分方程来获取近似微分信号，这样既可以快速跟踪输入信号，较为精确地获得它的微分信号，又能消除不必要的外界噪声，提高系统控制精度和鲁棒性。TD 的二阶形式可描述为

$$\left.\begin{aligned}\dot{v}_1 &= v_2 \\ \dot{v}_2 &= \mathrm{fhan}[v_1 - v(t), v_2, r, h_0]\end{aligned}\right\} \tag{5.2}$$

式中：$v(t)$ 是过渡对象；v_1 和 v_2 分别是目标信号及它的一阶导数；r 和 h_0 均是 TD 参数，其中 r 为速度因子，决定跟踪快慢；h_0 为滤波因子，决定了滤波效果。这些参数可以根据跟踪速度和信号平滑性进行调整。$\mathrm{fhan}[v_1 - v(t), v_2, r, h_0]$ 为最速综合函数，可定义为

$$
\left.\begin{aligned}
&d = rh_0^2, \ a_0 = h_0 v_2, \ y = [v_1 - v(t)] + a_0 \\
&a_1 = \sqrt{d(d + 8|y|)} \\
&a_2 = a_0 + \mathrm{sgn}(y)(a_1 - d)/2 \\
&s_y = [\mathrm{sgn}(y + d) - \mathrm{sgn}(y - d)]/2 \\
&a = (a_0 + y - a_2)s_y + a_2 \\
&s_a = [\mathrm{sgn}(a + d) - \mathrm{sgn}(a - d)]/2 \\
&\mathrm{fhan} = -r\left[\frac{a}{d} - \mathrm{sgn}(a)\right]s_a - r\,\mathrm{sgn}(a)
\end{aligned}\right\}
\tag{5.3}
$$

由此看出,除能够为目标信号提供过渡过程外,对于反馈控制而言,TD 具有快速跟踪和无超调的特性,有效解决了系统超调与快速性这对不易调和的矛盾;同时,大大增大了误差反馈增益和误差微分反馈增益的选取范围,降低了参数整定难度。

(2)扩张观测器(ESO)。假设 $f[x_1, x_2, d(t), t]$ 是关于状态、外界扰动和时间的多变量函数,通常难以准确获取它的数学模型。ESO 是一个动态过程,是 ADRC 的核心。只需知道对象的输入输出信号,而并未涉及系统状态方程中的函数 $f[x_1, x_2, d(t), t]$ 任何信息。

定义 x_3 为不确定项 $f[x_1, x_2, d(t), t]$ 的导数,原二阶控制系统可以重新表达为

$$
\left.\begin{aligned}
&\dot{x}_1 = x_2 \\
&\dot{x}_2 = x_3 + bu \\
&\dot{x}_3 = a(t) \\
&x_1 = y
\end{aligned}\right\}
\tag{5.4}
$$

该系统总是满足可观性。构建状态观测器来估计系统状态 x 和综合状态 $f[x_1, x_2, d(t), t]$ 形式如下:

$$
\left.\begin{aligned}
&e = z_1 - y \\
&\dot{z}_1 = z_2 - \beta_1 e \\
&\dot{z}_2 = z_3 - \beta_2 \mathrm{fal}(e, \alpha_1, \delta) + b_0 u \\
&\dot{z}_3 = -\beta_3 \mathrm{fal}(e, \alpha_2, \delta)
\end{aligned}\right\}
\tag{5.5}
$$

式中:z_1, z_2 和 z_3 是观测器输出,分别用于估计状态 x_1, x_2 和综合干扰 $f[x_1, x_2, d(t), t]$。

通过合适选择观测器参数 $\alpha_1, \alpha_2, \beta_1, \beta_2, \beta_3$ 以及 δ,使系统式(5.5)状态能够跟踪相应的系统式(5.4)状态,即 $z_1(t) \to x_1(t), z_2(t) \to x_2(t), z_3(t) \to x_3(t)$。因此系统式(5.5)被称为系统式(5.1)的扩张观测器,用于估计系统状态 $x_i(t)$ 时,$i = 1, 2, 3$。

(3)非线性误差反馈律(NLSEF)。常见的误差反馈形式为

$$
u_0 = k_p \mathrm{fal}(e_1, \alpha_1, \delta) + k_d \mathrm{fal}(e_2, \alpha_2, \delta), \quad 0 < \alpha_1 < 1 < \alpha_2
\tag{5.6}
$$

式中:k_p 和 k_d 为 u_0 反馈律系数;系统误差 $e_1 = x_1 - z_1, e_2 = x_2 - z_2$。

系统中的非线性误差反馈,能克服稳态高频振荡。从闭环的稳态误差和误差衰减的动态过程来看,NLSEF 与线性误差反馈律相比,具有明显优势;从抑制扰动能力看,合适的 NLSEF 比线性误差反馈具有更强的扰动抑制能力。因此,在反馈系统中有意识引入合适的非线性结构,特别是非线性误差反馈,将显著改善闭环系统的动态特性。

当系统得到被扩张的状态 $x_3(t)$ 的估计值 $z_3(t)$,只要参数 b_0 已知,控制量可以取

$$
u = u_0 - \frac{z_3}{b_0}
\tag{5.7}
$$

式中:b_0 是控制量补偿系数,满足 $b_0 < b$。ESO 的仿真研究表明,参数 b 即便是状态的函数或

时变参数,也可假定它的近似估计值为常值 b_0,作为可调参数进行调整。

控制量中 $z_3(t)$ 补偿被扩张的状态 $x_3(t)$,能使对象变成线性的积分器串联型控制系统。这种动态估计补偿总扰动的技术是整个 ADRC 中的关键和核心,以此为基础,才有可能构造出不依赖于对象模型并具有强抗扰能力的自抗扰控制器。

5.3 经纬仪转位系统自抗扰控制

5.3.1 控制器的参数整定

自抗扰控制器参数的选择直接关系到控制系统性能,其中待整定的主要参数有:① ESO:β_1,β_2,β_3;② NLSEF:k_p,k_d;③TD:r。

$\boldsymbol{L}=\begin{bmatrix} \beta_1 & \beta_2 & \beta_3 \end{bmatrix}^T$ 为 ESO 的增益向量。根据带宽参数化方法,观测器所有特征值均为 $-\omega_0$,它的绝对值即是观测器的带宽,有

$$\boldsymbol{L}=\begin{bmatrix} 3\omega_0 & 3\omega_0^2 & \omega_0^3 \end{bmatrix} \tag{5.8}$$

为使 ESO 有效估计系统状态量和干扰量,ω_0 的值必须大于状态频率。通过调整 ESO 参数,系统输出 y,$\dot{y}$ 以及干扰量 f 可以准确得到估计。参数 r、k_p、k_d 分别为 16、25、10;待研究的参数 ω_0 分别设定为 5、10、20 和 50。经纬仪转位系统的跟踪性能随参数 ω_0 变化的结果如图 5.2 所示。将经过运动轨迹规划后的光滑上升信号作为转位角度位置目标跟踪信号,代替传统的阶跃目标跟踪信号,在自抗扰控制器下可提高系统跟踪性能,其最大角速度值为 $0.3°/s$。

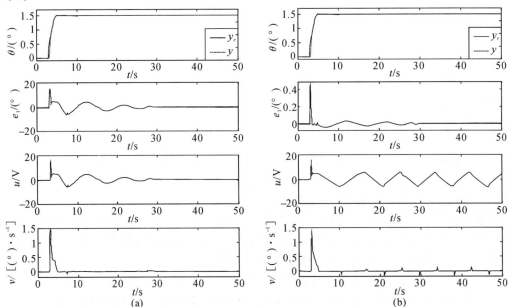

图 5.2 不同 ω_0 值条件下的转位系统反应特性

(a)$\omega_0=5$;(b)$\omega_0=10$;

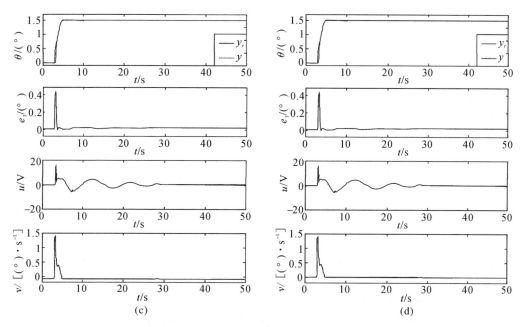

续图 5.2　不同 ω_0 值条件下的转位系统反应特性

(c)$\omega_0=20$；(d)$\omega_0=50$

由图 5.2 可知，ω_0 值越大系统跟踪速度越快。当 $\omega_0=20$ 或 50 时，系统收敛时间约为 28 s，而 $\omega_0=5$、10 时并未达到良好收敛效果；同时，增加 ω_0 值会增大系统抖振。因此，选择参数 ω_0 值时，需要综合考虑系统收敛时间和系统抖振现象。

根据带宽参数化方法，NLSEF 中的比例和微分系数分别取为 $k_p=2\omega_c$，$k_d=\omega_c^2$，其中 ω_c 为控制器带宽。当参数 r 和 ω_0 取值为 16 和 15 时，参数 ω_c 分别设置为 1,2,5,10 和 20。不同 ω_c 值条件下的经纬仪转位系统反应特性如图 5.3 所示。

由图 5.3 可知，参数 ω_c 越大，系统角度和角速度跟踪性能越好。①增加参数 ω_c 值可以提高系统反应速度，例如，$\omega_c=20$ 时，系统收敛时间约为 12.5 s，相比较而言，ω_c 取其他值时，系统收敛速度明显降低；②增大参数 ω_c 值可有效减小系统超调量和角速度波动。

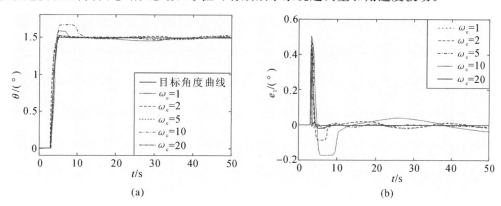

图 5.3　不同 ω_c 值条件下的转位系统反应特性

(a)角位置曲线；(b)角位置误差曲线；

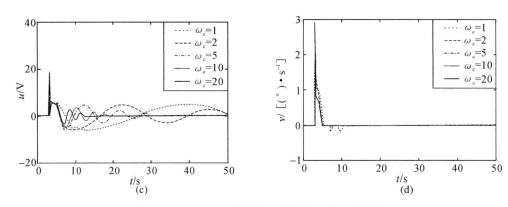

续图 5.3 不同 ω_c 值条件下的转位系统反应特性

(c)控制电压;(d)角速度曲线

总之,当 $\omega_c = 1$ 时,系统最大超调量可达到 33%。然而,根据图 5.3 可知,参数 ω_c 越大,越会严重破坏系统控制信号的稳定性。当 $\omega_c = 20$ 时,控制电压最大值约为 18.2 V,对于额定电压为 9 V 的电机而言难以承受,导致电机烧毁或无法正常工作。根据经验,扩张观测器带宽 ω_0 应该大于控制器带宽 ω_c,以便在综合考虑系统反应速度、角度跟踪超调量、角速度波动程度以及控制电压等因素条件下扩张观测器仍能得到较好的观测性能。

参数 r 作为 TD 的重要参数,能直接影响系统收敛速度。为了说明 r 的影响机理,采用了对比试验的方法,参数 ω_c 和 ω_0 的大小分别为 20 和 15,r 分别取值为 0.2,1,5,10 和 20。不同参数 r 值条件下,经纬仪转位系统跟踪性能对比如图 5.4 所示。

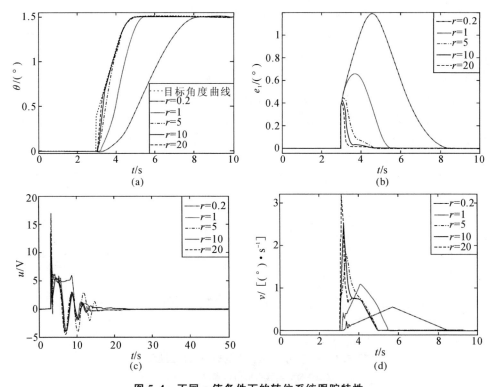

图 5.4 不同 r 值条件下的转位系统跟踪特性

(a)角位置曲线;(b)角位置误差曲线;(c)控制电压;(d)角速度曲线

通过比较图 5.4 中的仿真曲线结果可以发现,系统跟踪速度随着 r 值的增大而增加,并且过小的 r 值也会使角度跟踪误差明显增大。但当 r 值增加到一定程度后,通过采用增加 r 值来减小跟踪误差的方式是困难的。相反地,过大的 r 值会进一步使速度超调量增加,不利于控制器实现和系统的稳定性,因此有必要合理选取 r 值。

不同 r 值条件下,通过仿真试验得到的主要性能参数对比见表 5.1。观察表 5.1 的参数会清晰地发现参数 r 对系统控制性能的作用和影响机理。

表 5.1　不同 r 值条件下系统主要控制性能指标对比

参数 r	最大角速度/(°/s^{-1})	系统收敛时间/s	最大角度误差/(°)	最大控制量/V
0.2	0.548	16.5	1.18	7.37
1	1.091	14	0.66	8.85
5	1.802	5	0.446	12.16
10	2.342	5	0.423	15.32
20	3.133	5	0.405	19.705

一般而言,ADRC 参数整定工作对获取好的系统控制性能是非常重要的,同时也存在一定的难度。在仿真过程中,也会发现一些有关 ADRC 参数整定方面的规律,包括参数间的相互影响和参数对于系统控制性能"惰性"大小的影响,基于此分析,ADRC 参数整定的一般流程如图 5.5 所示。

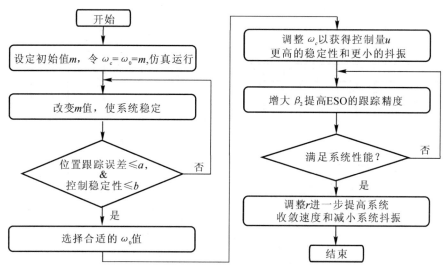

图 5.5　ADRC 参数整定流程

简言之,ADRC 参数整定流程先对参数 ω_c、ω_0 和 r 的先后顺序进行选取,再对这些参数微调来提高整个系统的控制性能。

5.3.2　目标参考信号对经纬仪转位性能影响分析

基于 ADRC 的转位控制系统的角度跟踪性能,角度参考目标信号采用了角度轨迹规划曲线,可使跟踪误差控制在 $4.4 \times 10^{-6}°$ 内。进一步,自抗扰控制器对于其他输入信号也能够保持良好控制性能。为说明 ADRC 策略下,经纬仪转位系统对于不同参考信号的跟踪特性,分别选取了阶跃信号、方波信号、锯齿形信号、梯形信号及正弦信号作为系统参考输入信号进行仿真分析,仿真结果如图 5.6～图 5.10 所示。

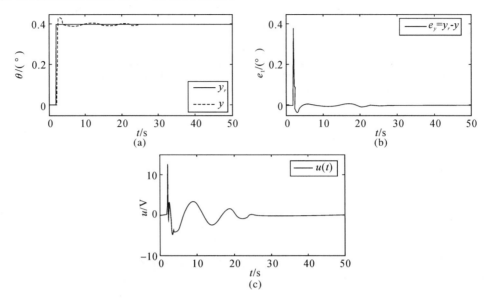

图 5.6 阶跃参考信号下的转位系统 ADRC 控制性能

(角度最大值为 $0.4°$ $[\beta_1 \quad \beta_2 \quad \beta_3] = [40 \quad 1\ 000 \quad 8\ 000]$,$[k_p \quad k_d] = [25 \quad 10]$,$r = 16$)

(a)角度跟踪曲线;(b)角度跟踪误差曲线;(c)控制电压曲线

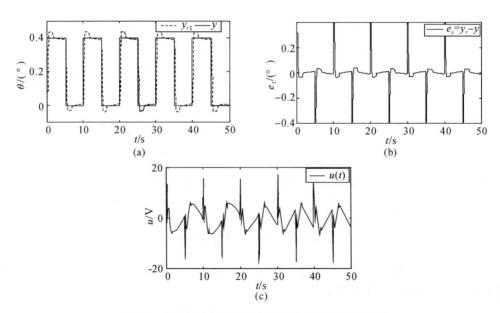

图 5.7 方波参考信号下的转位系统 ADRC 控制性能

(角度最大值为 $0.4°$,频率为 0.1 Hz,占空比为 50% $[\beta_1 \quad \beta_2 \quad \beta_3] = [40 \quad 1\ 000 \quad 8000]$,$[k_p \quad k_d] = [25 \quad 10]$,$r = 16$)

(a)角度跟踪曲线;(b)角度跟踪误差曲线;(c)控制电压曲线

图 5.6 在自抗扰控制器下,跟踪参考目标信号为阶跃信号,其角度最大值为 0.4°;图 5.7 在自抗扰控制器下,跟踪参考信号为方波信号,其角度最大值也为 0.4°,频率为 0.1 Hz,占空比为 50%。图 5.6 和图 5.7 中(a)(b)(c)分别给出了角度跟踪曲线、角度跟踪误差曲线和控制电压曲线。结果显示,经过 2.5 s 的时间调整,系统均能很好地跟踪参考信号,且最大超调量约为 8%。由于方波自身特点,角度跟踪误差存在周期性波动。但如果取其一个周期分析,它的控制性能与阶跃参考信号非常接近。

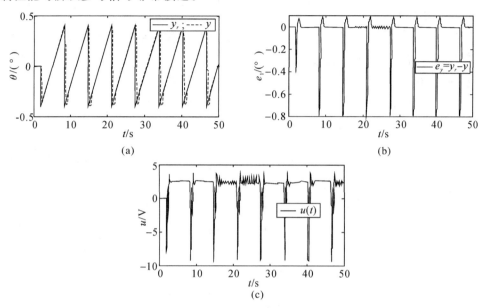

图 5.8　锯齿参考信号下的转位系统 ADRC 控制性能

(角度最大值为 0.4°,频率为 0.157 Hz$[\beta_1 \quad \beta_2 \quad \beta_3]=[100 \quad 2\,000 \quad 8\,000]$,$[k_p \quad k_d]=[25 \quad 10]$,$r=16$)

(a)角度跟踪曲线;(b)角度跟踪误差曲线;(c)控制电压曲线

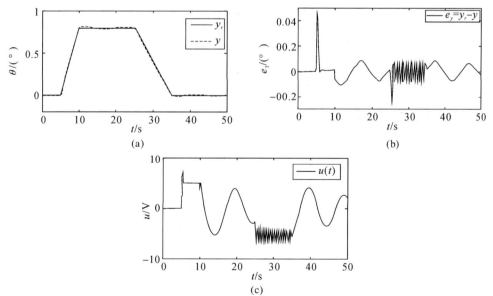

图 5.9　梯形参考信号下的转位系统 ADRC 控制性能

(角度最大值为 0.4°,频率为 0.1 Hz,占空比为 50%$[\beta_1 \quad \beta_2 \quad \beta_3]=[40 \quad 1\,000 \quad 8\,000]$,$[k_p \quad k_d]=[40 \quad 10]$,$r=16$)

(a)角度跟踪曲线;(b)角度跟踪误差曲线;(c)控制电压曲线

　　图 5.8 给出了当锯齿波为参考信号时,转位系统的控制性能。在角度位置突变处,由于激励反应的延迟,此时的角度跟踪误差达到最大值,但系统能够迅速实现收敛,将跟踪误差控制在 $8×10^{-4}$°范围内。当梯形波作为参考目标信号时,转位系统控制性能如图 5.9 所示。从图 5.9 中容易看出,在角度波形的下降阶段存在较为明显的抖振现象。虽然系统尚未完全收敛,但角度最大跟踪误差可以控制在 0.02°内,表明在自抗扰控制下,经纬仪转位伺服系统能够较好地跟踪梯形参考轨迹。

　　为体现 ADRC 在转位系统中的控制优势,以正弦信号作为系统参考输入,将 ADRC 控制器与 PID 控制进行仿真对比。通过合理调整 PID 控制器增益系数,确保转位系统达到较好的跟踪精度,最终 PID 控制器的比例系数、积分系数和微分系数分别取为 $K_P=60$、$K_I=0.2$、$K_D=8$。图 5.10 给出了两种算法条件下的转位系统跟踪正弦参考信号的控制性能,其中正弦参考信号的幅值为 0.4°,频率为 0.1 Hz。

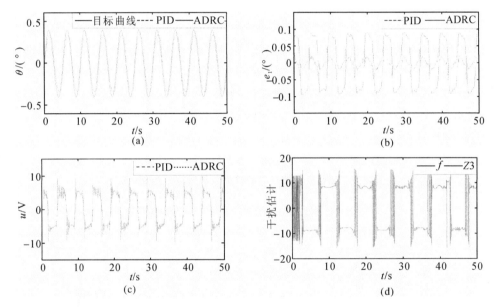

图 5.10　正弦参考信号下的转位系统 ADRC 控制和 PID 控制性能对比

(角度最大值为 0.4°,

频率为 0.1 Hz,占空比为 50%,$[\beta_1 \quad \beta_2 \quad \beta_3]=[50 \quad 500 \quad 1\,000]$,$[k_p \quad k_d]=[60 \quad 10]$,

$r=16$,$[K_P \quad K_I \quad K_D]=[60 \quad 0.2 \quad 8]$)

(a)角度跟踪曲线;(b)角度跟踪误差曲线;(c)控制电压曲线;(d)名义扰动估计

　　图 5.10 清晰地说明了 ADRC 方法在跟踪性能上的优越性。对于相同的参考输入信号,采用 PID 控制方法系统最大跟踪误差达到 0.092°,而 ADRC 控制下的跟踪误差小于 0.047°。ESO 是 ADRC 的关键环节,从图中可以看出其能够很好地估计系统的名义扰动。由于强鲁棒性和无需对象精确的数学模型,ADRC 方法特别适合具有强非线性和不确定扰动特性的经纬仪转位系统控制。在前面二者理论比较的基础上,仿真也进一步证明了较 PID 控制,ADRC 方法对系统扰动抑制方法存在明显的优势,且针对不同类型的参考目标信号,ADRC 方法均取得更好的控制效果。

5.3.3　系统参数摄动对经纬仪转位性能影响分析

由于经纬仪工况改变会导致转位电机系统参数发生变化,引起系统不稳定,影响转位系统本身和测量结果。通常,长时间的控制不稳定现象会导致电机负载力矩和电机转速的间隙震荡,电磁噪声和控制性能下降。

系统转动惯量 J 是转位系统非常重要的一个时变参数,会随着转位运动而不断变化。为了说明 ADRC 抗扰动的有效性,以参数 J 摄动为例,进行了 ADRC 方法和 PID 控制方法的对比仿真。参数 J 分为:$0.2,0.2+0.05\sin[x(1)]$ 以及 $0.2-0.05\sin[x(1)]$ 3 种状态。总扰动量 T 也会因 J 的不同而发生变化。假设当 J 为 $0.2+0.05\sin[x(1)]$ 时,T 的变化量为 Δ。根据经纬仪转位控制系统方程,关于 J 的扰动量 T_Δ 可表达为

$$T_\Delta = \frac{k_T}{r_a J}u - \frac{k_T}{r_a(J+\Delta)}u = \frac{k_T}{r_a J(J+\Delta)}u \tag{5.9}$$

进一步,总扰动量 T 为

$$T = -\left[\frac{k_e k_T}{r_a(J+\Delta)} + \frac{k_v}{J+\Delta}\right]x_2 - \frac{T_f}{J+\Delta} - \frac{T_\omega}{J+\Delta} + \frac{d(t)}{J+\Delta} - \frac{k_T}{r_a J(J+\Delta)}u \tag{5.10}$$

同理,当 J 为 $0.2-0.05\sin[x(1)]$ 时,总扰动量 T' 为

$$T' = -\left[\frac{k_e k_T}{r_a(J-\Delta)} + \frac{k_v}{J-\Delta}\right]x_2 - \frac{T_f}{J-\Delta} - \frac{T_\omega}{J-\Delta} + \frac{d(t)}{J-\Delta} + \frac{k_T}{r_a J(J-\Delta)}u \tag{5.11}$$

为了说明 ADRC 方法和 PID 控制方法对转位控制系统参数摄动的鲁棒性,参考目标信号选为经运动轨迹规划后的上升波形,与图 5.2 相同,其速度最大值为 $0.3°/s$。PID 控制器的比例系数、积分系数和微分系数分别取为 $K_P=60$、$K_I=0.2$、$K_D=8$。ADRC 控制器参数分别取为 $[\beta_1 \quad \beta_2 \quad \beta_3]=[40 \quad 1\,000 \quad 8\,000]$,$[k_p \quad k_d]=[4\,000 \quad 40]$,$r=16$。ADRC 方法和 PID 控制方法下的经纬仪转位角度跟踪误差对比如图 5.11 所示(见插页彩图 5.11)。

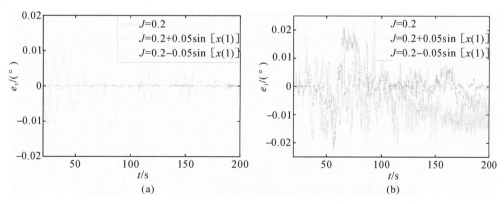

图 5.11　ADRC 和 PID 控制下的经纬仪转位角度跟踪误差对比
(a)ADRC;(b)PID

与 PID 控制相比,ADRC 能够更好地跟踪参考信号,且受参数 J 摄动影响很小。考虑 J 的 3 种状态,运行一段时间后,采用 ADRC 策略下的角度跟踪误差可以控制在 $4.2\times10^{-3}°$ 范围内。但采用 PID 控制策略下的角度跟踪误差和误差波动均明显增大,最大跟踪误差约为

$0.023°$。仿真结果说明了 ADRC 对于参数摄动的强鲁棒性。

5.4 自抗扰非奇异快速终端滑模控制

5.4.1 问题的提出

本节提出了新的非奇异快速终端滑模面和滑模趋近律,基于此设计了非奇异快速终端滑模控制器(Nonsingular Fast Terminal Sliding Mode Control,NFTSM),并给出了自抗扰非奇异快速终端滑模控制的完整结构。

考虑二阶非线性不确定系统为

$$\left.\begin{aligned} \dot{x}_1 &= x_2 \\ \dot{x}_2 &= f(x) + b(x)u(x) + g(x,t) \\ y &= x_1 \end{aligned}\right\} \tag{5.12}$$

式中:$x = [x_1 \quad x_2]^T \in \mathbf{R}^2$,$u \in \mathbf{R}$ 和 $y \in \mathbf{R}$ 分别是状态变量,控制输入和系统输出;$f(x)$ 和 $b(x) \neq 0$ 是关于 x 的平滑非线性函数;$g(x,t)$ 代表系统不确定项和扰动,并且满足 $|g(x,t)| < l_g$,$l_g > 0$。

传统终端滑模面函数设计为[45]

$$s = e_2 + \beta e_1^{q/p} \tag{5.13}$$

式中:$e_1 = x_1 - x_d$ 为状态跟踪误差,$e_2 = \dot{x}_1 - \dot{x}_d$,$x_d$ 为参考信号;$\beta > 0$ 为设计参数;p 和 q 为正奇数,且 $q < p < 2q$。

针对式(5.12),设计终端滑模控制器为

$$u = -b^{-1}(x)\left[f(x) + \beta \frac{q}{p} e_1^{q/p-1} e_2 + (l_g + \eta)\operatorname{sgn}(s) - \ddot{x}_d \right] \tag{5.14}$$

式中:$\eta > 0$ 为设计常数。控制器能够保证系统进入终端滑模面上。分析终端滑模面式(5.13)可知,系统状态误差 e_1 和 e_2 可在有限时间内收敛到零。

通过观察终端滑模控制器式(5.14),当 $e_2 \neq 0$ 且 $e_1 = 0$ 时,右式第二项包含 $e_1^{q/p-1} e_2$,可能发生奇异现象。在理想的滑模面上,即 $s = 0$,$e_2 = -\beta e_1^{q/p}$,此情况将不会发生。将 $e_2 = -\beta e_1^{q/p}$ 代入 $e_1^{q/p-1} e_2$,得 $e_1^{(2q-p)/p}$。如果 $q < p < 2q$,$e_1^{(2q-p)/p}$ 是非奇异的。当控制器不足以保证 $e_2 \neq 0$ 且 $e_1 = 0$ 时,将会产生奇异问题。系统状态到达滑模面前,$e_1 = 0$,$e_2 \neq 0$,控制器无法满足系统控制信号有界;即使系统到达滑模面 $s = 0$,由于计算误差和不确定因素,系统状态也无法一直维持在滑模面上,尤其是平衡点附近($e_1 = 0$;$e_2 = 0$),$e_1 = 0$ 而 $e_2 \neq 0$ 的情况时有发生,这也会导致奇异现象发生。

(1)滑模面设计。为了解决控制器奇异问题和提高系统跟踪精度,提出了非奇异终端滑模(Nonsingular Terminal Sliding Mode,NTSM)控制。针对系统(5.12),设计非奇异终端滑模面为

$$s = e_1 + \frac{1}{\beta} e_2^{p/q} \tag{5.15}$$

式中:β,p 及 q 已在式(5.15)中定义。结合系统式(5.14)和非奇异终端滑模面(5.15),设计控制器为

$$u=-b^{-1}(x)\left[f(x)+\beta\frac{q}{p}e_2^{2-p/q}+(l_{\mathrm{g}}+\eta)\mathrm{sgn}(s)-\ddot{x}_{\mathrm{d}}\right] \quad (5.16)$$

式中:$1<p/q<2;\eta>0$,非奇异终端滑模面式(5.15)可在有限时间内到达,即系统状态误差 e_1 和 e_2 在有限时间收敛到零。

可以注意到由于 $1<p/q<2$,非奇异终端滑模控制器式(5.16)在状态空间内始终是非奇异的。然而,系统状态进入滑模面 $s=0$ 后,则有

$$\dot{e}_1=-(\frac{1}{\beta})^{\frac{q}{p}}e_1^{\frac{q}{p}} \quad (5.17)$$

说明 5.1　通过设计合适的滑模控制器满足 Lyapunov 稳定性原理时系统状态趋近到滑模面上。假设趋近时间为 t_{r},系统到达滑模面,根据式(5.17)可知,因为 $\dot{e}_1<0$,当 $e_1>0$ 时 e_1 会减小,$e_1<0$ 时 e_1 会增加,这样通过解算式(5.17),系统误差可在有限时间 $t_{\mathrm{s}1}$ 收敛到 0。但是,在远离平衡点区域系统的收敛速度将会下降,从式(5.17)看,主要是因为 e_1 的指数小于 1。

说明 5.2　非奇异终端滑模控制器中,为了实现系统收敛,切换增益 η 通常取值较大,这将会产生明显的抖振,影响稳态精度,甚至激发未建模动力学,使系统不稳定。

从上述分析看,基于传统非奇异终端滑模控制器提高系统收敛特性和消除系统抖振很有必要。

(2)一种新的终端滑模面函数。

定义 5.1　针对系统(5.12),非奇异快速终端滑模面函数设计如下:

$$s=e_1+k_1|e_1|^{\gamma+1}+k_2e_2^{p/q} \quad (5.18)$$

式中:k_1,k_2 和 γ 均是设计常数;$k_1>0,k_2>0,\gamma>0$;p 和 q 是正的奇数,且 $1<p/q<2$,$\gamma+1>p/q$。当系统状态到达滑模面 $s=\dot{s}=0$,式(5.17)可描述为

$$\dot{e}_1=-(1/k_2)\frac{q}{p}(e_1+k_1|e_1|^{\gamma+1})\frac{q}{p}=-(1/k_2)\frac{q}{p}[e_1+k_1e_1^{\gamma+1}\mathrm{sgn}(e_1)^{\gamma+1}]^{\frac{q}{p}}$$
$$=-e_1^{\frac{q}{p}}\{(1/k_2)(1+k_1e_1^{\gamma}\mathrm{sgn}[(e_1)^{\gamma+1}]^{\frac{q}{p}} \quad (5.19)$$

假设状态误差从初始点 $e(0)\neq0$ 到 $e=0$ 的时间为 t_{s}。对式(5.19)沿时间 t 积分,则有

$$\int_{e_1(0)}^{e_1(t_{\mathrm{s}})}\frac{\mathrm{d}e_1}{e_1^{\frac{q}{p}}}=-\int_0^{t_{\mathrm{s}}}(\frac{1}{k_2}[1+k_1e_1^{\gamma}\mathrm{sgn}(e_1)^{\gamma+1}]^{\frac{q}{p}}\mathrm{d}\tau$$
$$\leqslant-\int_0^{t_{\mathrm{s}}}(1/k_2)^{\frac{q}{p}}\mathrm{d}\tau \quad (5.20)$$

进一步

$$t_s\leqslant\frac{p}{(\frac{1}{k_2})^{\frac{q}{p}}(p-q)}e_1^{(1-\frac{q}{p})}(0) \quad (5.21)$$

说明 5.3　由滑模面(5.18)可知,当状态远离平衡点时,滑模面函数 s 的第一项 e_1 发挥主导作用,使系统轨迹迅速收敛;当状态靠近平衡点时,滑模面函数 s 的第二项 $k_1|e_1|^{\gamma+1}$ 发挥主导作用,同样使系统轨迹迅速收敛。因此,提出的非奇异快速终端滑模控制策略实现了状态

轨迹的全局快速收敛,而不仅限于平衡点附近区域。滑模面式(5.18)还与文献[48]中 FTSM 比较,则有

$$s = e_2 + \alpha e_1 + \beta e_1^{q/p} = 0 \tag{5.22}$$

式中:$\alpha, \beta > 0, p > q > 0$,系数都是整数,且 p 和 q 为奇数。

FTSM 除了可能存在控制器奇异问题,它与提出的 NFTSM 的不同之处在于滑模面函数的第二项。滑模面式(5.18)显示出了比滑模面式(5.22)更好的性能。沿着滑模面式(5.22)收敛时间 t_{f} 为

$$t_{\mathrm{f}} = \frac{1}{\alpha(1-q/p)} \ln \frac{\alpha |e_0|^{1-q/p} + \beta}{\beta} \tag{5.23}$$

式中:$e_0 = x_1(0) - x_{\mathrm{d}}(0)$。

文献[112]提出了一种非奇异快速终端滑模控制方法,其 NFTSM 设计为

$$s = e_1 + k_1 e_1^{g/h} + k_2 e_2^{p/q} \tag{5.24}$$

式中:$k_2 \in \mathbf{R}^+, k_2 \in \mathbf{R}^+; p, q, g, h$ 均为奇数,且要求 $1 < p/q < 2, g/h > p/q$。

文献[113]给出了滑模面式(5.22)的收敛,t_{nf} 可表示为

$$t_{\mathrm{nf}} = \int_0^{|e_0|} \frac{k_2^{q/p}}{(e_1 + k_1 |e_1|^{g/h})^{q/p}} \mathrm{d}e_1 \tag{5.25}$$

式中:$e_0 = x_1(0) - x_{\mathrm{d}}(0)$。式(5.25)有限时间积分可采用高斯超几何函数计算得到。

说明 5.4(a) 与滑模面式(5.15)和式(5.18)相比,滑模面式(5.13)在某些区域会发生奇异现象,由该滑模面设计的控制器,如果 $e_2 \neq 0$ 且 $e_1 \neq 0, e_1^{q/p-1} e_2 \notin \mathbf{R}$,会存在奇异问题,但滑模面式(5.18)不会。除了控制器奇异问题,三种滑模面函数的第二项直接影响了平衡点附近系统状态收敛速度。

说明 5.4(b) 滑模面式(5.18)具有在有限时间和全局范围内快速收敛特性。对比分析式(5.13)、式(5.15)和式(5.24),在滑模面函数的参数设计相同时,系统状态沿滑模面 $s = 0$ 从初始点到平衡点,提出的滑模面收敛时间 t_{r} 最短。

5.4.2 自抗扰非奇异快速终端滑模控制器的设计

根据滑模理论,滑模趋近条件只是保证了从任意点可以到达滑模面,而没有约束以某一特定轨迹进行趋近,趋近律的设计可以提高系统趋近运动中的动态品质。常见的指数趋近律设计为

$$\dot{s} = -\varepsilon \operatorname{sgn} s - ks, \quad \varepsilon > 0, k > 0 \tag{5.26}$$

式中:$\dot{s} = -ks$ 为指数项,它的解为 $s = s(0)\mathrm{e}^{-kt}$。

指数项可使系统运动到滑模面,但仅有指数项,趋近过程将是渐近的,无法实现有限时间内可达,式(5.26)中的匀速项 $\dot{s} = -\varepsilon \operatorname{sgn}(s)$ 保证系统有限时间到达滑模面。

常见的指数趋近律为趋近律的改进提供了有益的参考。在此基础上,为了缩短趋近时间,增加趋近律设计灵活性,设计了一种改进的快速趋近律:

$$\dot{s} = -k_3 |s|^m \operatorname{sgn}(s) - k_4 |s|^{n/2} \operatorname{sgn}(s) \tag{5.27}$$

式中:$k_3 > 0$ 和 $k_4 > 0$ 为设计系数;奇数 $m > 1$;有理数 n 满足 $2 < n < 4$。当系统远离滑模面时,$-k_3 |s|^m \operatorname{sgn}(s)$ 发挥主导作用,保证了更快的趋近速度;当系统接近滑模面时,

$-k_4|s|^{n/2}\mathrm{sgn}(s)$ 发挥主导作用,减小趋近速度使系统状态更加平稳的到达滑模面。有

$$s\dot{s}=-k_3|s|^{m+1}-k_4|s|^{n/2+1}\leqslant 0$$

因此,改进的快速趋近律满足了滑模趋近条件。令 $\varepsilon=20,k=10,k_3=50,k_4=50$,改进的快速趋近律和常见的指数趋近律性能对比如图 5.12 所示。

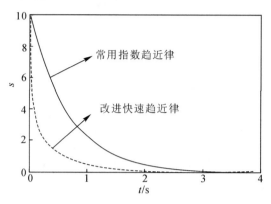

图 5.12　滑模趋近律性能对比

系统从初始状态到滑模面,采用提出的趋近律比指数趋近律具有更快的趋近速度,在滑模面附近,趋近速度明显下降,系统进入滑模面时刻有效抑制初始抖振。

定理 5.1　以式(5.18)为滑模面函数,设计非奇异快速终端滑模控制器式(5.28),可使系统式(5.12)状态轨迹趋近到滑模面,并最终在有限时间内收敛到原点附近,即

$$u=-b(x)^{-1}\{\hat{\omega}(x,t)+k_3|\hat{s}|^m\mathrm{sgn}(\hat{s})+k_4\hat{s}^{n/2}+\frac{1}{k_2}\hat{e}_2^{2-p/q}\frac{q}{p}[1+k_1(\gamma+1)|\hat{e}_1|^\gamma]-\ddot{x}_d\}$$

(5.28)

式中 $\hat{e}_1=z_1-x_d,\hat{e}_2=z_2-\dot{x}_d;z_1$ 和 z_2 为 ESO 提供的状态估计值;$x_d、\dot{x}_d$ 和 $\ddot{x}_d$ 为 TD 提供参考信号。滑模面函数可重新被定义为 $\hat{s}=\hat{e}_1+k_1|\hat{e}_1|^{\gamma+1}+k_2\hat{e}_2^{p/q}$。$\hat{\omega}(x,t)=\hat{f}(x)+\hat{g}(x,t)$ 为综合扰动量 $\omega(x,t)=f(x)+g(x,t)$ 的估计值,可直接由 ESO 输出 z_3 获得;$\boldsymbol{K}=[k_1\ \ k_2\ \ k_3\ \ k_4]$;$m,n$ 和 γ 都是正的设计参数;p 和 q 为正奇数,且 $1<p/q<2;m>1,4>n>2$。

自抗扰非奇异快速终端滑模控制结构如图 5.13 所示。

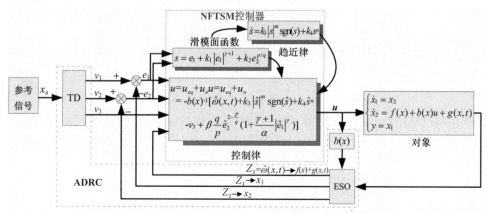

图 5.13　自抗扰非奇异快速终端滑模控制结构图

由图看出整个控制原理分为 NFTSM 和 ADRC 两部分。研究中我们创新地将二者结合起来,充分发挥它们的优势。

5.4.3 稳定性分析

证明:定义 Lyapunov 函数为

$$V = \frac{1}{2}s^2 \tag{5.29}$$

则

$$\dot{V} = s\dot{s} = s[e_2 + k_1(\gamma+1)|e_1|^\gamma e_2 + k_2\frac{p}{q}e_2^{p/q-1}\ddot{e}_1]$$

$$= s\{e_2 + k_1(\gamma+1)|e_1|^\gamma e_2 + k_2\frac{p}{q}e_2^{p/q-1}[\omega(x,t)+b(x)u-\dddot{x}_d]\} \tag{5.30}$$

由式(5.28)和式(5.30)可知

$$\dot{V} = s(e_2 + k_1(\gamma+1)|e_1|^\gamma e_2 + k_2\frac{p}{q}e_2^{p/q-1}\{\omega(x,t)-\hat{\omega}(x,t) - k_3\hat{s}^m - k_4\hat{s}^{n/2} - $$

$$\frac{1}{k_2}\hat{e}_2^{2-p/q}\frac{q}{p}[1+k_1(\gamma+1)|\hat{e}_1|^\gamma]\})$$

$$= k_2\frac{p}{q}e_2^{p/q-1}s[\frac{1}{k_2}\frac{q}{p}(e_2^{2-p/q}-\hat{e}_2^{2-p/q}) + \frac{k_1(\gamma+1)}{k_2}\frac{q}{p}(|e_1|^\gamma e_2^{2-p/q}-|\hat{e}_1|^\gamma\hat{e}_2^{2-p/q}) - $$

$$\tilde{\omega}(x,t) - k_3(s-\tilde{s})^m - k_4(s-\tilde{s})^{n/2}] \tag{5.31}$$

式中:$\tilde{\omega}(x,t) = \omega(x,t) - \hat{\omega}(x,t)$。

定义 $l(e_2) = k_2(p/q)e_2^{p/q-1}$,其中 p 和 q 为正奇数,且 $1<p/q<2$。因此,当 $e_2 \neq 0$ 时,$l(e_2)>0$。由于 $s \neq \tilde{s} \neq 0$,m 为奇数,且 $1<n/2<2$,类似地,$s^{n/2}>0$。根据不等式原理,有

$$e_2^{2-p/q} - \hat{e}_2^{2-p/q} \leqslant |\tilde{e}_2|^{2-p/q}$$

$$|e_1|^\gamma e_2^{2-p/q} - |\hat{e}_1|^\gamma\hat{e}_2^{2-p/q} = |e_1|^\gamma e_2^{2-p/q} - |e_1-\tilde{e}_1|^\gamma\hat{e}_2^{2-p/q}$$

$$\leqslant |e_1|^\gamma e_2^{2-p/q} + \tilde{e}_1^\gamma\hat{e}_2^{2-p/q} - e_1^\gamma\hat{e}_2^{2-p/q}$$

$$\leqslant |e_1|^\gamma|\tilde{e}_2|^{2-p/q} + \hat{e}_2^{2-p/q}\tilde{e}_1^\gamma$$

$$(s-\tilde{s})^m \geqslant s^m - \tilde{s}^m$$

式中:$\tilde{s} = s - \hat{s}$;$\tilde{e}_1 = e_1 - \hat{e}_1$;$\tilde{e}_2 = e_2 - \hat{e}_2$。则

$$\dot{V} \leqslant l(e_2)\{s[\frac{1}{k_2}\frac{q}{p}|\tilde{e}_2|^{2-p/q} + \frac{k_1(\gamma+1)}{k_2}\frac{q}{p}(|e_1|^\gamma|\tilde{e}_2|^{2-p/q}+\hat{e}_2^{2-p/q}\tilde{e}_1^\gamma) + $$

$$\tilde{\omega}(x,t) + k_3|\tilde{s}|^m + k_4|\tilde{s}|^{n/2+1}] - k_3 s^{m+1} - k_4 s^{n/2}|s|\} \tag{5.32}$$

式中:$s^{m+1}>0$;$s^{n/2}|s|>0$。

可通过合理选择参数 β_1、β_2 和 β_3 来保证 ESO 的稳定性。若观测器是稳定的,ε_3 的导数为 0,$\omega(x,t)$ 的估计误差可表示为

$$\varepsilon_3 = \beta_2 \mathrm{fal}\{\mathrm{fal}^{-1}[-h(t)/\beta_3], \alpha_1, \delta\} \tag{5.33}$$

注意到式(5.5)的状态误差方程,若$|\varepsilon_1| > \delta$,估计误差满足

$$|\varepsilon_3| = \beta_2 [|h(t)/\beta_3|]^{\alpha_1/\alpha_2} \tag{5.34}$$

若$|\varepsilon_1| \leqslant \delta$,估计误差可表达为

$$|\varepsilon_3| = \frac{\beta_2}{\beta_3} [|h(t)| \delta^{\alpha_1 - \alpha_2}] \tag{5.35}$$

由式(5.34)和式(5.35)可知,估计误差ε_3由参数β_2、β_3、α_1、α_2和δ决定。选取这些参数时的基本条件满足:$\beta_2 > 0, \beta_3 > 0, 0 < \alpha_2 < \alpha_1 < 1, \delta > 0$。在合理范围内,参数$\beta_3$值越大,$|h(t)/\beta_3|$越小,虽然此时的$h(t)$值未知。同时,也可尽量减小$\beta_2$使估计误差$\varepsilon_3$进一步变小。因此,通过合理调整参数,估计误差$|\tilde{\omega}(x,t)| = |\varepsilon_3|$将变得足够小,其中,$\tilde{e}_1$、$\tilde{e}_2$为观测器残余误差;$\tilde{s}$为关于$\tilde{e}_1$、$\tilde{e}_2$的函数。

令

$$h = \frac{1}{k_2} \frac{q}{p} |\tilde{e}_2|^{2-p/q} + \frac{k_1(\gamma+1)}{k_2} \frac{q}{p} (|e_1|^\gamma |\tilde{e}_2|^{2-p/q} + \hat{e}_2^{2-p/q} \tilde{e}_1^{\gamma}) + k_3 |\tilde{s}|^m + k_4 |\tilde{s}|^{n/2+1}$$

可知,h为ESO观测残余误差的函数。式(5.32)可知

$$\dot{V} \leqslant l(e_2)\{[h + \tilde{\omega}(x,t)] - k_3 s^{m+1} - k_4 s^{n/2} |s|\} \tag{5.36}$$

当k_3、k_4足够大时,$\dot{V} < 0$,系统式(5.14)在Lyapunov理论下有限时间内稳定,即当$t \to t_s$时,$x_1 \to x_d$,$x_2 \to \dot{x}_d$。

5.4.4　仿真分析

为了说明提出的自抗扰非奇异快速终端滑模控制方法的有效性和优越性,将其与现有非奇异终端滑模控制方法进行数字仿真比较,考虑2阶SISO非线性系统:

$$\left. \begin{array}{l} \dot{x}_1 = x_2 \\ \dot{x}_2 = 0.1\sin(20t) + u \\ y = x_1 \end{array} \right\} \tag{5.37}$$

式中:$f(x) = 0$;$g(x,t) = 0.1\sin(20t)$;$b(x) = 1$。

针对系统式(5.37)提出的ADRC-NFTSM控制方法,分别与文献[114]中的基于指数趋近律非奇异终端滑模和文献[115]中传统的非奇异终端滑模比较。

1)基于指数趋近律的非奇异终端滑模控制方法。滑模面函数、趋近律和控制器分别为

$$\left. \begin{array}{l} s = e_1 + \dfrac{1}{\beta} e_2^{p/q} \\[2mm] \dot{s} = -ks - \rho_1 \mathrm{sgn}(s), \quad k > 0, \rho_1 > 0 \\[2mm] u = -b(x) - 1[f(x) + \beta \dfrac{q}{p} e_2^{2-p/q} + ks + \\[2mm] (l_g + \rho_1)\mathrm{sgn}(s) - \ddot{x}_d] \end{array} \right\} \tag{5.38}$$

2)传统非奇异终端滑模控制方法。滑模面函数、趋近律和控制器分别为

$$
\left.
\begin{aligned}
s &= e_1 + \frac{1}{\beta} e_2^{p/q} \\
\dot{s} &= -\rho_2 \mathrm{sgn}(s), \quad \rho_2 > 0 \\
u &= -b(x) - 1\left[f(x) + \beta \frac{q}{p} e_2^{2-p/q} + \right. \\
&\quad \left. (l_g + \rho_2)\mathrm{sgn}(s) - \ddot{x}_d\right]
\end{aligned}
\right\}
\tag{5.39}
$$

(1)动态性能比较。为了更好地比较控制方法的优劣,选取系统初始状态均为$[x_1(0)$ $x_2(0)] = [0.1\quad 0]$的三种控制器,三种控制器参数见表 5.2 和表 5.3。

表 5.2 传统 NTSM 控制器和基于指数趋近律的 NTSM 控制器参数

参　数	值	参　数	值
q	3	l_g	0.015
p	5	ρ_1	0.001
β	1.0	ρ_2	0.2
k	10		

表 5.3 ADRC-NFTSM 控制器参数

参　数	值	参　数	值
q	3	$\boldsymbol{\alpha} = [\alpha_1 \quad \alpha_2]$	$[0.5\quad 0.25]$
p	5	$\boldsymbol{\beta} = [\beta_1\quad \beta_2\quad \beta_3]$	$[70\quad 3\,200\quad 10\,000]$
$\boldsymbol{k} = [k_1\quad k_2\quad k_3\quad k_4]$	$[0.7\quad 0.8\quad 150\quad 150]$	$b_0 = b$	1
m	3	δ	0.2
n	3	r	10
γ	6	h_0	0.001

三种控制方法条件下状态响应曲线和滑模面 s 曲线分别如图 5.14 和图 5.15 所示。

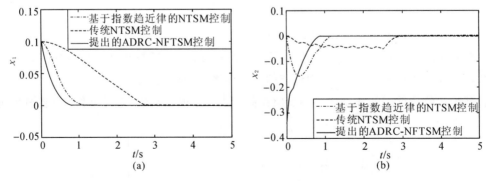

图 5.14 三种非奇异终端滑模控制方法下的系统状态响应对比

(a)x_1;(b)x_2

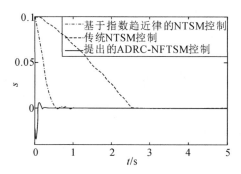

图 5.15　三种非奇异终端滑模控制方法下的滑模面函数 s 对比

从图 5.14 和图 5.15 可以看出,与其他两种控制方法相比,在提出的控制策略的作用下,系统状态 x_1,x_2 和滑模面函数 s 都具有更快的收敛速度和较短的动态响应时间。状态 x_2 虽然在趋于稳定的过程中有短暂的波动,其最大值约为 0.32,但能够快速减小为 0,具有较快的响应速度。同时,在系统存在不确定性和扰动情况下,采用提出的控制方法具有比其他两种控制方法更高的稳态精度。三种控制方法下,系统进入稳态阶段(3~5 s)控制量变化曲线如图 5.16 所示。

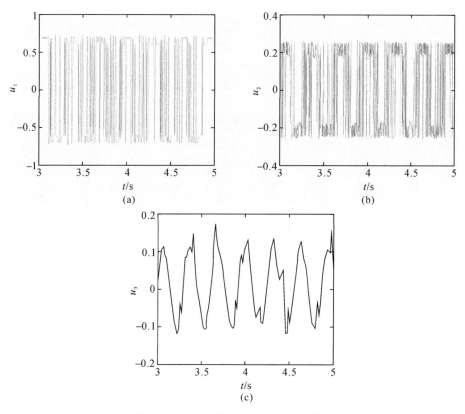

图 5.16　三种非奇异终端滑模控制方法下的滑模面函数 s 对比

(a)基于指数趋近律 NTSM 控制;(b)传统 NTSM 控制;(c)ADRC-NFTSM 控制

由图 5.16 可以看出,采用 ESO 估计系统不确定性和扰动,可有效抑制抖振,基本实现了系统的连续控制。ESO 观测效果如图 5.17 所示。

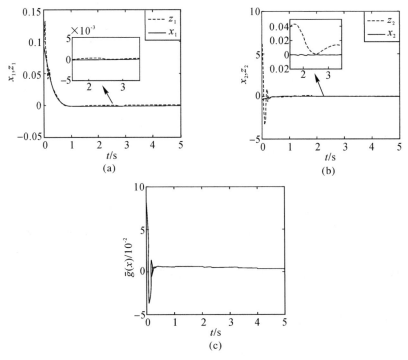

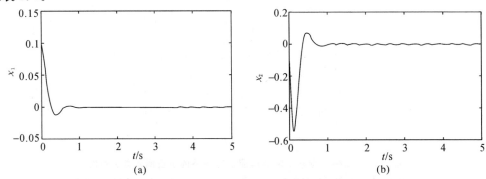

图 5.17　ESO 状态估计效果

(a)x_1 及观测值；(b)x_2 及观测值；(c)扰动量 $g(x)$ 的观测误差

由图 5.17 中可以看出，ESO 具有较好的跟踪能力，其中稳态时系统输出 $y=x_1$ 的观测误差幅值约为 4.5×10^{-4}。由前面的分析可知，滑模面 s 由状态误差 e_1 和 e_2 构成。由于观测误差的值非常小，因此有效地降低了抖振现象。

进一步将提出的控制方法与 ADRC 方法对比。NLSEF 的控制参数：$l=\begin{bmatrix} l_1 & l_2 \end{bmatrix}=\begin{bmatrix} 3 & 5 \end{bmatrix}$，$\boldsymbol{\alpha}=\begin{bmatrix} \alpha_3 & \alpha_4 \end{bmatrix}=\begin{bmatrix} 0.75 & 1.25 \end{bmatrix}$，$b_0=b=1$；ESO 和 TD 的参数见表 5.3。

基于 ADRC 方法的控制系统状态 x_1 和 x_2 响应如图 5.18 所示。两种方法的控制性能参数见表 5.4。

图 5.18　ADRC 控制下的系统状态量

(a)x_1；(b)x_2

表 5.4　提出的 ADRC 方法与传统 ADRC 控制性能对比

参　　数	x_1 的稳态误差	x_2 的稳态误差	x_1 最大超调量	x_1 最大超调量	响应时间
提出的 ADRC 方法	1.1×10^{-4}	1.0×10^{-3}	0	0.33	0.84
传统 ADRC 方法	4.2×10^{-4}	5.9×10^{-3}	0.012	0.54	1.2

较传统 ADRC 方法，提出的 ADRC 方法减小了稳态误差，抑制了超调量，缩短了系统响应时间。

（2）含有噪声信号跟踪分析。考虑带有噪声信号的参考跟踪信号为

$$x_d = 0.1\sin(2t) + \gamma n(t) \qquad (5.40)$$

式中：噪声 $n(t)$ 为 $[-1,1]$ 区间均匀分布的白噪声；γ 为噪声强度。

为了体现 TD 对于噪声的抑制，基于上述 3 种非奇异终端滑模控制，比较了它们的系统控制性能。γ 分别选择为 0，0.000 1 和 0.001。3 种控制器参数见表 5.2 和表 5.3。系统动态控制性能和 TD 噪声抑制能力如图 5.19～图 5.21 所示（见插页彩图 5.19～图 5.21）。

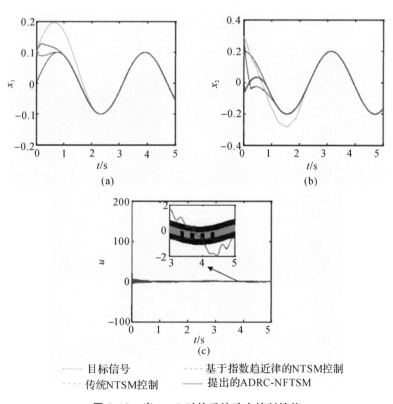

---- 目标信号　　　　　---- 基于指数趋近律的NTSM控制
---- 传统NTSM控制　　　—— 提出的ADRC-NFTSM

图 5.19　当 $\gamma=0$ 时的系统动态控制性能

(a)x_1；(b)x_2；(c)控制量 u

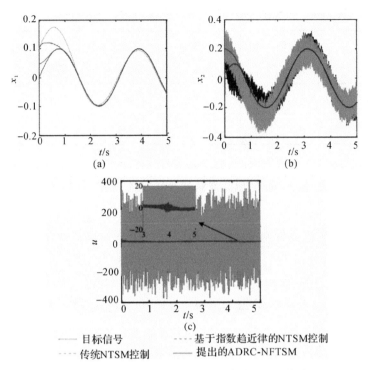

图 5.20　当 $\gamma=0.000\ 1$ 时的系统动态控制性能

(a)x_1;(b)x_2;(c)控制量 u

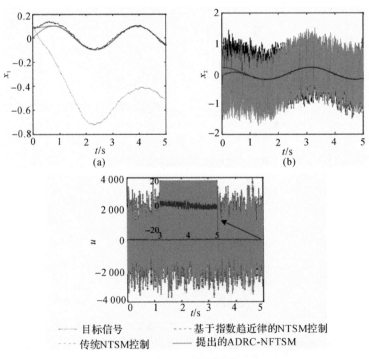

图 5.21　当 $\gamma=0.001$ 时的系统动态控制性能

(a)x_1;(b)x_2;(c)控制量 u

图 5.19 所示为输入参考信号不带噪声的系统动态性能。3 种控制方法均能使系统 x_1，x_2 一段时间内跟踪理想参考信号 x_d，$\dot{x}_d$。ADRC-NFTSM 方法的跟踪速度最快，且在超调量和抖振抑制方面也明显小于其它两种方法。当噪声强度 $\gamma=0.000\,1$ 和 0.001 时，系统动态控制性能分别如图 5.20 和图 5.21 所示。利用传统的非奇异终端滑模跟踪 x_1 跟踪性能迅速恶化。由于输入噪声和不尽合理的微分器，$\dot{x}_d$ 无法精确获得，降低了 x_2 的跟踪性能，增大了控制器抖振，而 TD 显示了足够的优越性。采用提出的控制器存在抖振，但控制在 $[-5,5]$ 范围内，避免了高频抖振。因此，采用同一 TD 可有效抑制不同强度噪声的输入信号，获得了满意的系统状态跟踪性能。TD 从有噪声信号的输入参考信号提取有用信号，为控制器提供参考信号各阶导数，这是 ADRC 的显著特征，实现稳定跟踪和良好过渡，也是将其引入到终端滑模控制，提高控制性能的原因。

仿真结果表明，书中提出的控制方法对于跟踪常值信号和正弦信号均具有很好的效果。

5.5　经纬仪转位系统自抗扰非奇异快速终端滑模控制

5.5.1　控制器的设计

经纬仪转位控制系统为三阶非线性不确定系统，基于以上二阶系统的自抗扰非奇异快速终端滑模控制器的设计，将该控制策略引入转位系统控制中，实现 ADRC 技术和终端滑模控制技术的结合，确保转位系统的稳定、快速、准确跟踪。

三阶经纬仪转位控制系统状态函数为

$$\left.\begin{aligned}\dot{x}_1&=x_2\\\dot{x}_2&=x_3\\\dot{x}_3&=a_1x_2+a_2x_3+u/a_3+(a_4+a_5x_2)g(x_2)+F\\y&=x_1\end{aligned}\right\} \quad (5.41)$$

式中：$a_1=-\dfrac{B_v r_a+k_e k_T+r_a f_v}{L_a J_m}$；$a_2=-\dfrac{r_a J_m+B_v L_a}{L_a J_m}$；$a_3=\dfrac{L_a J_m}{k_T}$；$a_4=-\dfrac{r_a}{L_a J_m}$；$a_5=-\dfrac{1}{J_m}$；$g(x_2)=T_L+f_c+(f_s-f_c)\mathrm{e}^{-|x_2/v_s|^2}$；$T_L$ 为电机负载转矩，表达式见建模部分；F 为系统扰动。

（1）跟踪微分器（TD）设计。控制器要求提供参考信号 $x_d=v_0$ 的三阶导数，本书采取两个 TD 组合负责安排给定转位角度的过渡过程：①为二阶跟踪微分器；②三阶跟踪微分器，它们将共同输出 4 个信号 v_1,v_2,v_3,v_4。其中二阶 TD 的第一个输出 v_1 跟踪 v_0，$v_2=\dot{v}_1$；三阶 TD 的第一个输出 v'_2 跟踪二阶 TD 输出 v_2，$v_3=\dot{v}_2$，$v_4=\dot{v}_3$。两个 TD 总表达式为

$$\left.\begin{aligned}\dot{v}_1&=v_2\\\dot{v}_2&=\mathrm{fhan}[v_1-v(t),v_2,r,h_0]\\\dot{v}'_2&=v_3\\\dot{v}_3&=v_4\\\dot{v}_4&=-r\,\mathrm{sat}\left[v'_2-v_2-\dfrac{v_4^2}{6r^2+A}\left(\dfrac{v_3}{r}+S\sqrt{\dfrac{A}{r}}\right),r,h\right]\end{aligned}\right\} \quad (5.42)$$

式中:$S=\mathrm{sgn}(v_3+\dfrac{v_4|v_4|}{2r})$,$A=Sv_3+\dfrac{v_4^2}{2r}$。线性饱和函数 sat 的表达式为

$$\mathrm{sat}(A,r,h)=\begin{cases}\mathrm{sgn}(A), & |A|>rh \\ \dfrac{A}{r\cdot h}, & |A|\leqslant rh\end{cases} \tag{5.43}$$

式中:r 为跟踪速度因子,决定跟踪的速度,但过大的 r 值在带来快速跟踪的同时也会增大跟踪误差,因此可增大积分步长 h,起滤波噪声的作用。

(2)ESO 设计。控制对象式(5.41)为三阶系统,需要四阶的 ESO 对其状态观测,其中输出 4 个变量 z_1、z_2、z_3、z_4 分别跟踪系统输出 $y=x_1$,$y=x_2$,$y=x_3$ 和 $a(t)$,并输入给控制器。四阶的 ESO 可设计为

$$\left.\begin{aligned}
&e=z_1-y \\
&\dot{z}_1=z_2-\beta_{01}e \\
&\dot{z}_2=z_3-\beta_{02}\mathrm{fal}(e,0.5,d)+a_1z_2+a_2z_3+(a_4+a_5z_2)g(z_2)+u/a_3 \\
&\dot{z}_3=z_4-\beta_{03}\mathrm{fal}(e,0.25,d) \\
&\dot{z}_4=-\beta_{04}\mathrm{fal}(e,0.125,d)
\end{aligned}\right\} \tag{5.44}$$

式中

$$\mathrm{fal}(e,a,d)=\begin{cases}|e|^a\,\mathrm{sgn}(e) & |e|>d \\ \dfrac{e}{d^{1-a}} & |e|\leqslant d\end{cases} \tag{5.45}$$

式中:e 为误差项;u 为系统控制量;$g(z_2)=T_L+f_c+(f_s-f_c)\mathrm{e}^{-|z_2/v_s|^2}$;参数 $a_i(1,\cdots,5)$ 与式(5.41)中相同;β_{01},β_{02},β_{03},β_{04} 为观测器的增益参数,其一般计算式为

$$\beta_{01}=4\omega_0, \quad \beta_{02}=6\omega_0^2, \quad \beta_{03}=4\omega_0^3, \quad \beta_{04}=\omega_0^4 \tag{5.46}$$

式中:ω_0 为 ESO 的带宽,并由极点配置得到。状态观测器的观测速度越快,系统中的扰动就越容易被观测,控制器就越能及时地补偿这部分干扰,但观测速度过快,会引起传感器的高频噪声,且采样频率也限制了观测器的速度。因此,ω_0 的引入成为必要。

(3)自抗扰非奇异快速终端控制器设计。设计滑模面为

$$s=e_1+k_1e_2+k_2e_2^{p/q}+e_3 \tag{5.47}$$

式中:$k_1>0,k_2>0$ 为设计参数。

采用设计的改进快速趋近律

$$\dot{s}=-k_3|s|^m\mathrm{sgn}(s)-k_4|s|^{n/2}\mathrm{sgn}(s) \tag{5.48}$$

式中:$k_3>0$ 和 $k_4>0$ 为设计系数;奇数 $m>1$,有理数 n 满足 $2<n<4$,均为设计的指数。

结合系统式(5.41)、滑模面式(5.47)、趋近律式(5.48)、跟踪微分器式(5.42)、ESO 式(5.44)以及设计自抗扰非奇异快速终端滑模控制器式(5.49),可使系统式(5.41)状态轨迹趋近到滑模面,并在有限时间内收敛到原点附近,即

$$\begin{aligned}
u=&-a_3[a_1z_2+a_2z_3+(a_4+a_5z_2)g(z_2)+\hat{F}(t)+ \\
&\hat{e}_2+k_1\hat{e}_3+k_2\frac{p}{q}\hat{e}_2^{p/q-1}\hat{e}_3+k_3|\hat{s}|^m\mathrm{sgn}(\hat{s})+k_4\hat{s}^{n/2}-\dddot{x}_d]
\end{aligned} \tag{5.49}$$

式中:$\hat{e}_1=z_1-x_d,\hat{e}_2=z_2-\dot{x}_d,\hat{e}_3=z_3-\ddot{x}_d$;$z_1,z_2,z_3$ 为 ESO 提供的状态估计值,$\hat{F}(t)$ 为 ESO 提供的扰动估计值;x_d、$\dot{x}_d$、$\ddot{x}_d$、$\dddot{x}_d$ 为 TD 提供参考信号。此外,滑模面函数可重新被

定义为 $\hat{s}=\hat{e}_1+k_1\hat{e}_2+k_2\hat{e}_2^{p/q}+\hat{e}_3$；$\boldsymbol{K}=[\,k_1\quad k_2\quad k_3\quad k_4\,]$；$p$ 和 q 为正奇数，且 $1<p/q<2$；m，n 和 γ 都是正的设计参数，$m>1$，$4>n>2$。

参阅 5.3.3 节，利用 Lyapunov 原理系统稳定性容易证得。

5.5.2　基于 PSO 的控制器参数整定

5.5.2 节研究了 ADRC 参数整定方法和流程，这对控制器设计很有必要，但由于需整定的参数过多，增加了整定难度，且参数间相互影响，引入粒子群算法（PSO）对 ADRC-NFTSM 控制器参数进行优化。较 PID 控制器，ADRC 控制器需要整定的参数包括：T，r，h_0，β_1，β_2，β_3，k_p，k_d，δ，α_1 和 α_2。若全部优化则较烦琐，也会降低整体参数优化效果。对于 TD，滤波因子 h_0 整定具有相对独立性，无需经常调节，可取为采样步长；过渡过程快慢因子 r 可根据系统跟踪的快速性能要求，进行试验测试确定。对于 ESO，指数幂参数 $a_i(i=1,2)$ 一般取定值，需调整参数的只有 $\beta_i(i=1,2,3)$。

为协调参数间相互影响，采用 PSO 对参数 $\beta_i(i=1,2,3)$ 进行优化。为评价单个粒子的性能，要引入适应值函数，并作为粒子位置和速度更新的判别依据。此处采用误差绝对值时间积分性能指标（Integrated Time Absolnte Error，ITAE）作为参数优化的最小目标函数。根据 PSO 原理，粒子在搜索空间里的粒子位置函数时，粒子速度函数和最小目标函数分别表达为

$$v_{t+1}=\omega v_t+c_1r_1(P_t-l_t)+c_2r_2(G_t-l_t) \tag{5.50}$$

$$l_{t+1}=l_t+v_{t+1} \tag{5.51}$$

$$W=k\int_0^\infty t\,|\,e(t)\,|\,t\mathrm{d}t \tag{5.52}$$

式中：l、v 为粒子位置和粒子速度；ω 为惯性因子；c_1、c_2 为加速常数；r_1、r_2 为 $[0,1]$ 内的随机数；P_t 为该粒子所经历过的最优位置；G_t 为整个粒子所经历过的最优位置；W 为适应度，即 ITAE 值；k 为增益系数；$e(t)$ 为系统误差。

利用 PSO 算法的 ADRC-NFTSM 控制器最优化过程如图 5.22 所示。

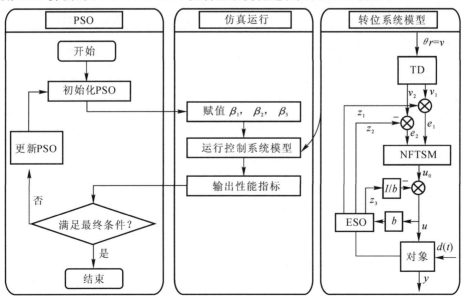

图 5.22　利用 PSO 算法的自抗扰非奇异终端滑模控制器最优化过程示意图

由图 5.22 可知,粒子群算法与经纬仪转位系统模型之间的桥梁是粒子(ADRC 参数 β_1, β_2,β_3)和该粒子对应的适应值(即控制系统的性能指标 ITAE),对该模型简单描述优化过程如下:PSO 产生粒子群,将该粒子群中的粒子依次赋值给 ADRC 的参数 β_1,β_2,β_3,然后运行控制系统的 Simulink 模型,得到该组参数对应的性能指标,将该性能指标传递到 PSO 中作为该粒子的适应度,最后判断是否可以退化算法。

为说明用粒子群算法对自抗扰非奇异快速终端滑模控制器参数进行优化时的优越性,进行了经纬仪转位系统跟踪仿真,跟踪目标值为 $y_r=0.4°$,且与传统 ADRC 方法比较。参数设置如下:迭代次数 $G=250$,种群规模 $m=20$,学习因子 $c_1=c_2=2$,惯性权重开始值 $w_{st}=0.9$,惯性权重终值 $w_{end}=0.4$,$T=0.02$。

两种方法中的 TD 和 ESO 参数与图 5.6 中阶跃信号跟踪参数相同:$T=0.001$,$r=16$,$h_0=0.001$,$\delta=0.2$,$\alpha_1=0.75$,$\alpha_2=1.25$;传统 ADRC 方法中的 ESO 参数:$\beta_1=40$,$\beta_2=1\,000$,$\beta_3=8\,000$,也是 PSO 的粒子初始值;NLESF 参数:$k_p=25$,$k_d=10$,$b_0=1.7$;提出算法中的 NFTSM 参数:$\beta=5$,$p=5$,$q=3$,$k=10$,$l_g=0.78$,$\eta=0.2$;PSO 参数:迭代次数 $G=250$,种群规模 $m=30$,搜索空间维数 $D=3$,惯性因子 $\omega=0.6$,加速常数 $c_1=c_2=1.5$。

经过 250 步迭代后的适应度值变化曲线和最优化参数如图 5.23 所示。基于可优化参数的 ADRC 方法和传统 ADRC 方法的经纬仪转位角度跟踪性能对比如图 5.24 所示。

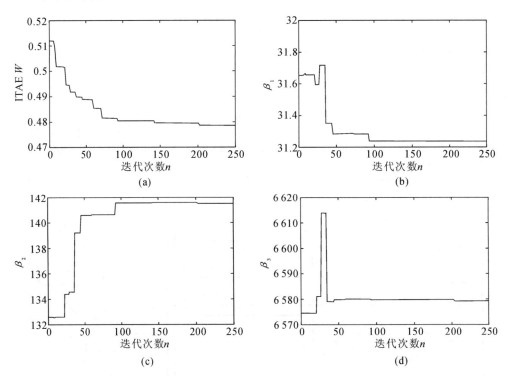

图 5.23 利用 PSO 算法的参数 J_0,β_1,β_2,β_3 变化曲线

(a)W;(b)β_1;(c)β_2;(d)β_3

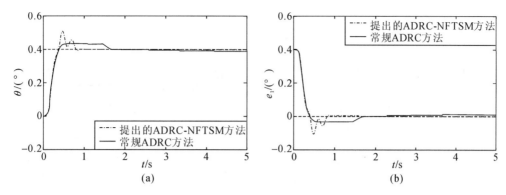

图 5.24   提出的 ADRC 方法与普通 ADRC 方法控制性能对比

(a)转位角度跟踪曲线；(b)转位角度跟踪误差曲线

由图 5.23 可知,为了获得更优参数,在控制器最优化过程中,性能指标 ITAE 不断地减小。经 PSO 调整后,最终参数为:$\beta_1 = 31.235\ 8$,$\beta_2 = 141.518\ 7$,$\beta_3 = 6\ 579.236\ 8$。

由图 5.24 可以看出,针对系统存在时变负载力矩和强非线性摩擦力矩,提出的 ADRC-NFTSM 控制方法获得了满意的动态和静态性能。在状态跟踪的开始阶段,响应曲线很接近。虽然本方法超调量稍大,但能在约 0.5 s 时间内实现系统状态收敛,总的收敛时间约为 0.92 s,远小于传统 ADRC 方法。若扩大仿真时间至 50 s,可以发现传统 ADRC 方法超调量回归时间约为 1.72 s,系统状态收敛时间约为 26 s,主要原因是系统存在不确定项。从仿真结果看,利用设计的控制器使系统稳态误差达到 $1.2 \times 10^{-4}{}^\circ$,较传统 ADRC 控制方法的 $5.7 \times 10^{-3}{}^\circ$,转位精度有较大提高。分析可知这主要是因为提出的控制方法在传统 ADRC 控制方法基础上采用了 NFTSM 和 PSO。

5.5.3   仿真分析

系统参数见表 2.1,转位角度输入参考信号采用轨迹规划曲线式(2.37),系统初始状态为 $[0\ \ 0\ \ 0]$;TD 参数:$r = 16$,$h_0 = 0.001$;经过 PSO 优化后的 ESO 增益为 $\beta_{01} = 37.563\ 2$,$\beta_{02} = 512.339\ 6$,$\beta_{03} = 4\ 869.153\ 8$,$\beta_{01} = 14\ 209.862\ 6$,$d = 0.2$;滑模控制器参数:$\mathbf{K} = [k_1 \quad k_2 \quad k_3 \quad k_4] = [10 \quad 0.2 \quad 200 \quad 100]$,$p = 7$,$q = 5$,$m = 3$,$n = 3$。

基于提出的自抗扰非奇异快速终端滑模控制方法,获得的经纬仪转位控制性能如图 5.25 所示。

由图 5.25 中可以看出,利用提出的滑模控制方法能够获得较高的系统跟踪精度,转位角度最大跟踪误差约为 $8.61 \times 10^{-5} \approx 0.31''$,转位角速度最大跟踪误差约为 $7.80 \times 10^{-4} \approx 2.81''/s$,在匀速阶段和最后到位时刻跟踪精度会更高,说明系统在存在扰动情况下,利用 ESO 估计状态量和扰动量,仍然能取得较为满意的控制效果,避免了过多的传感器测量状态量输入给控制器。图 5.26 是提出的控制器输出量。

如图 5.26 可知,控制量大小满足系统要求,且有效消除了系统抖振,实现了经纬仪转位系统的连续控制。图 5.27 和图 5.28 分别为 ADRC 中 ESO 系统状态估计能力和扰动估计补偿能力。

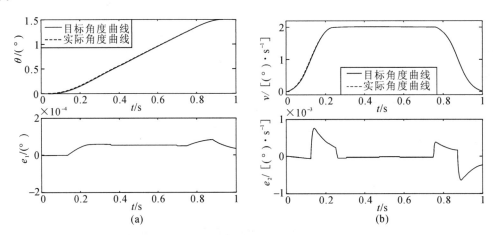

图 5.25 自抗扰非奇异快速终端滑模控制性能

(a)转位角度跟踪;(b)转位角速度跟踪

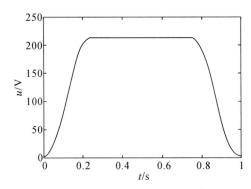

图 5.26 自抗扰非奇异快速终端滑模控制器输出量

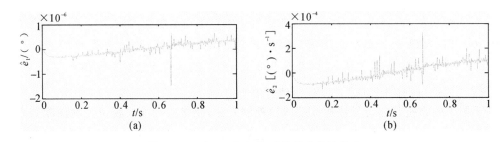

图 5.27 ADRC 中 ESO 系统状态估计能力

(a)ESO 状态 x_1 估计误差曲线;(b)ESO 状态 x_2 估计误差曲线

ESO 是 ADRC 的核心,其精度和收敛时间之间直接关系了最终的经纬仪转位控制性能,包括转位系统反应时间和转位跟踪精度。由图 5.27 和图 5.28 可以看出,ESO 不仅具有良好的系统状态估计能力,为控制器提供准确的状态反馈信息,而且具有强的扰动估计与补偿能力,从根本上有效抑制了系统抖振。

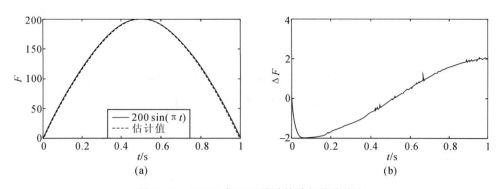

图 5.28　ADRC 中 ESO 扰动估计与补偿能力

(a)系统扰动 F 估计曲线;(b)ESO 扰动 F 估计误差曲线

5.6　本章小结

　　本章主要将设计的自抗扰非奇异快速终端滑模控制策略应用到经纬仪转位系统中,改善了系统的动态性能和抗干扰能力,提高了系统的跟踪性能和定位精度。在滑模控制器设计方面,将非奇异终端滑模控制、快速终端滑模控制与基于趋近律滑模控制有效结合,设计了新的、性能更优的滑模控制器;在自抗扰控制器设计方面,ADRC 不依赖系统精确模型,能有效地观测系统状态变化,实时估计出系统未建模动态和不确定扰动,对系统中存在的扰动进行补偿,有效地消除扰动对系统的影响。基于对自抗扰控制特性分析,研究了控制器多参数整定方法和流程,并在将带宽作为自抗扰控制器控制性能调试参数的基础上,采用 PSO 进一步优化 ADRC 控制器参数,简化了计算整定过程,提高了控制精度;将 ADRC 技术引入非奇异快速终端滑模控制中,提出了自抗扰非奇异快速终端滑模控制策略,通过仿真分析,提出的控制方法在提高系统控制精度和抑制系统抖振方法具有良好效果,同时,避免了控制器需要传感器测量多个状态量的弊端,解决了参考目标信号的高阶微分问题。

第6章 基于模糊系统的转位系统自适应滑模控制

6.1 引 言

由滑模控制理论可知,滑模变结构控制是一类特殊的非线性控制,可以使系统在一定特性下沿着滑动模态作幅度小、频率高的上下运动,因为滑动模态是可以设计的,且与参数的变化及扰动无关,使系统具有一定的鲁棒性,但这种鲁棒性是以控制信号的高频抖振换取的,实际中很难有机构能够实现。因此,滑模变结构控制本质上的高频抖动特性限制了其实际的推广应用,如何对传统滑模变结构控制的抖振进行削弱成了一个重要的研究方向。

模糊控制是一种基于语言决策规则的控制方法,设计简单、容易实现、鲁棒性好、易被人们接受,且不需要建立被控对象精确的数学模型,尤其适合对不确定非线性系统的控制,已经在实际应用方面取得了极大的成功,但模糊控制在很大程度上依赖于专家的经验和知识,缺乏系统的稳定性和鲁棒性分析方法。另外,模糊控制的核心是模糊推理规则,对于高阶和复杂系统,规则数随阶数呈指数增加且推理规则难以确定。因此,一些学者提出了模糊滑模的思想,即在滑模控制中引入模糊控制,利用模糊控制柔化控制信号以削弱传统滑模控制中的抖动。另外,模糊系统还具有万能逼近特性,可以利用这一点实现系统不确定函数的逼近,提高控制器的鲁棒性。因此,本章主要分析了模糊滑模控制在转位过程控制中的应用,针对转位系统控制,设计了模糊滑模控制器,并进行了仿真验证。结果证明,模糊滑模控制器能实现转位过程的精确跟踪控制,与传统滑模控制相比削弱了控制信号的抖振,扩展了滑模控制器的实际应用范围。

6.2 模糊滑模变结构控制器

6.2.1 模糊控制器

传统控制器的设计依赖于被控对象精确的数学模型,系统模型一般可以用一组微分方程来描述,根据对方程的状态分析和综合实现控制器的调整,而模糊控制器的设计则依赖于操作者的经验,首先通过过程函数的逻辑模型产生模糊控制规则,然后根据这些规则来调整控制器或它的参数。模糊控制的设计过程可以概括为,模糊化过程、模糊逻辑推理以及精确化计算等3个步骤。

(1)模糊化过程。模糊控制的第一步是模糊化过程,也就是将数字形式表示的精确测量值转化为语言值描述的隶属程度的过程。在模糊化过程中,对于一个精确测量值可以对应于2个以上的模糊语言值,例如既可以对应语言值"小",也可以对应语言值"中",只是隶属程度不同而已,但必须保证任意测量值都能映射到模糊集系统中去,即在所有论域内的输入量都能找到某一模糊子集与之对应。模糊化过程的主要工作是定义论域内所有语言值的隶属度函数 $u(x)$,目前确定隶属函数的方法主要有模糊统计法、二元对比排序法、专家经验法、演译推理法等等。

(2)模糊逻辑推理。模糊逻辑推理是模糊控制的核心,通常是由若干个模糊条件语句组成的集合,是对实践经验的总结,所以要获得较好的控制效果,必须选择能体现操作者经验的模糊逻辑推理规则。模糊规则一般是 if…then… 的条件语句,例如采用误差 e 及变化率 $\dot{e}$ 作为输入变量,控制器输出为 u,可以表示为

$$\text{if } (e \text{ is } E_i \text{ and } \dot{e} \text{ is } CE_i) \text{ then } u \text{ is } U_i (E_i, CE_i, U_i \text{ 为模糊集})$$

有了模糊逻辑规则库后就可以进行模糊推理,常见的模糊推理算法有 Mamdani 模糊推理算法、Larsen 模糊推理算法、Takagi-Sugeno 模糊推理算法和 Tsukamoto 模糊推理算法[116]。实际最常用的是 Mamdani 模糊推理算法,这是一种极大极小推理法,详细原理见参考文献[116]。

(3)精确化计算。在实际应用中都是通过确定的值去控制驱动或伺服机构的,而经过模糊推理得到的却是一个模糊集合或隶属度函数,所以还需要进行反模糊化即精确化计算。所谓精确化计算就是在模糊推理得到的集合中将最佳代表这个模糊推理结果的可能性转化为精确值的过程,常用方法有重心法、最大隶属度法以及系数加权平均法。

6.2.2　模糊与滑模控制的结合方案

滑模变结构控制对参数的不确定性和外界干扰具有一定的鲁棒性,但控制信号中存在高频抖振,模糊控制不需要系统精确的数学模型,但很大程度上却依赖于专家的经验和知识,缺乏系统的稳定性和鲁棒性分析方法。将模糊控制和滑模控制相结合,利用二者的优点,实现二者的优势互补,既能保证系统稳定,又能抑制抖振。模糊控制和滑模控制的结合方案主要有以下两种:①根据经验,通过设计模糊逻辑规则优化滑模控制量实现模糊滑模控制,模糊滑模控制柔化了控制信号,降低了传统滑模控制的抖振;②利用模糊系统的万能逼近特性,可实现对被控对象的模型信息和外加干扰的逼近,并通过模糊系统的参数自适应调整,实现无模型信息的自适应模糊滑模控制。

6.3 模糊自适应等效滑模控制

6.3.1 模糊逼近原理

模糊系统具有双层意义。一方面,模糊系统是由许多规则库组成的系统,它是由一系列模糊语言规则构造而成的;另一方面,模糊系统又可以看成是一种非线性映射,可以用公式表达为

$$f(x) = \frac{\sum_{l=1}^{M} \bar{y}^l [\prod_{i=1}^{n} u_{A_i^l}(x_i)]}{\sum_{l=1}^{M} [\prod_{i=1}^{n} u_{A_i^l}(x_i)]} \qquad (6.1)$$

式中:$x \in U \subset \mathbf{R}^n$ 是模糊系统的输入;$f(x) \in V \subset \mathbf{R}$ 模糊系统的输出。

可以看出模糊系统是非线性函数的特殊类型,所以用模糊系统可以实现非线性函数的逼近,模糊系统的万能逼近特性由以下定理给出:

定理 6.1 假定输入论域 U 是 $\mathbf{R}^n$ 上的一个紧集,则对于任意定义在 U 上的实连续函数 $g(x)$ 和任意的 $\varepsilon > 0$,一定存在如式(6.1)的模糊系统 $f(x)$ 使下式成立:

$$\sup_{x \in U} |f(x) - g(x)| < \varepsilon \qquad (6.2)$$

即模糊系统是一种带有乘积推理机、单值模糊器、中心平均解模糊器和高斯隶属度函数的万能逼近器。

该定理的证明是根据众所周知的 Stone-Weierstrass 定理来证明的,有关详细的证明过程见参考文献[116]。

6.3.2 模糊自适应等效滑模起竖控制器的设计

根据滑模控制原理,滑模控制律通常由等效控制 u_{eq} 和切换控制 u_s 组成,等效控制将系统保持在滑模面上,切换控制迫使系统状态在滑模面上滑动,即 $u = u_{eq} + u_s$。由起竖系统滑模控制律可知,等效控制为

$$u_{eq} = a_3[-c_1 e_2 - c_2 e_3 + \dddot{x}_d - a_1 x_2 - a_2 x_3 - a_4]/g(x_v) \qquad (6.3)$$

前面介绍过起竖系统是典型的非线性系统,存在各种不确定性和外界环境干扰,其动态特性比较复杂,很难获得精确的数学模型,所以在传统滑模控制律中的等效控制部分难以准确确定。由于模糊系统具有万能逼近特性,所以可以用一个模糊控制器来逼近等效控制,以克服系统不确定性和外界干扰的影响。

根据滑模控制的基本原理,函数 s 和 $\dot{s}$ 分别表示系统任意点到滑模面 $s=0$ 的相对距离和到达滑模面的相对速度,所以可以根据这两者的大小来确定控制律以获得期望的滑动模态特性。因此,以 s 和 $\dot{s}$ 作为模糊系统的输入,给其分别设计 5 个模糊集,即 $l_1 = l_2 = 5$,则系统共有 $l_1 \times l_2 = 25$ 条模糊规则。采用以下两步构造模糊系统:

(1) 对变量 s 和 $\dot{s}$ 定义 $l_i (i=1,2)$ 个模糊集合 $A_i^{l_i} (l_i = 1, \cdots, 5)$。

（2）模糊系统的输出 $\hat{u}_{eq}$ 由以下 25 条模糊控制规则来确定，则第 j 条模糊规则 R_j 为

$$R_j : \text{if } s \text{ is } A_1^{l_1} \text{ and } \dot{s} \text{ is } A_2^{l_2} \text{ then } \hat{u}_{eq} \text{ is } B^{l_1 l_2}$$

式中：$A_1^{l_1}$ 和 $A_2^{l_2}$ 分别对应于模糊输入变量 s 和 $\dot{s}$ 的模糊子集；$B^{l_1 l_2}$ 为输出变量 $\hat{u}_{eq}$ 的模糊子集。

模糊推理过程采用以下 4 个步骤：

（1）采用乘积推理机实现规则的前提推理，推理结果为 $u_{A_1^{l_1}}(s) \cdot u_{A_2^{l_2}}(\dot{s})$；

（2）采用单值模糊器求 $\bar{y}_{u_{eq}}^{l_1 l_2}$，即隶属函数最大值对应的 $(s,\dot{s})$ 的函数值 $u_{eq}(s,\dot{s})$；

（3）采用乘积推理机实现规则前提和结论的推理，其结果为 $\bar{y}_{u_{eq}}^{l_1 l_2} \cdot [u_{A_1^{l_1}}(s) \cdot u_{A_2^{l_2}}(\dot{s})]$，对

所有的规则进行并运算，则模糊系统的输出为 $\sum\limits_{l_1=1}^{5}\sum\limits_{l_2=1}^{5} \bar{y}_{u_{eq}}^{l_1 l_2} \cdot [u_{A_1^{l_1}}(s) \cdot u_{A_2^{l_2}}(\dot{s})]$；

（4）采用中心平均解模糊器，则模糊系统的输出为

$$\hat{u}_{eq} = \frac{\sum\limits_{l_1=1}^{5}\sum\limits_{l_2=1}^{5} \bar{y}_{u_{eq}}^{l_1 l_2} \cdot [u_{A_1^{l_1}}(s) \cdot u_{A_2^{l_2}}(\dot{s})]}{\sum\limits_{l_1=1}^{5}\sum\limits_{l_2=1}^{5} [u_{A_1^{l_1}}(s) \cdot u_{A_2^{l_2}}(\dot{s})]}$$

把 $\bar{y}_{u_{eq}}^{l_1 l_2}$ 放在集合 $\theta \in \mathbf{R}^{(25)}$ 中，引入模糊基向量 $\xi(s,\dot{s})$，则得到模糊系统输出等效控制量

$$\hat{u}_{eq} = \hat{\boldsymbol{\theta}} \boldsymbol{\xi}(s,\dot{s}) \tag{6.4}$$

式中：$\boldsymbol{\xi}(s,\dot{s})$ 为 25 维模糊基向量，且第 $l_1 l_2$ 个元素为

$$\xi_{l_1 l_2}(s,\dot{s}) = \frac{[u_{A_1^{l_1}}(s) \cdot u_{A_2^{l_2}}(\dot{s})]}{\sum\limits_{l_1=1}^{5}\sum\limits_{l_2=1}^{5}[u_{A_1^{l_1}}(s) \cdot u_{A_2^{l_2}}(\dot{s})]} \tag{6.5}$$

$\hat{\boldsymbol{\theta}}$ 是未知的参数向量，可以通过自适应算法得到。根据模糊逼近理论，假设存在一个最优模糊系统 $u_{eq}^* = \boldsymbol{\theta}^* \boldsymbol{\xi}(s,\dot{s})$ 来逼近滑模等效控制量 u_{eq}，即 $u_{eq} = u_{eq}^* + \varepsilon$，$\varepsilon$ 为逼近误差，且满足 $|\varepsilon| < E$。定义 $\tilde{\boldsymbol{\theta}} = \hat{\boldsymbol{\theta}} - \boldsymbol{\theta}^*$，则

$$\tilde{u}_{eq} = u_{eq} - \hat{u}_{eq} = \boldsymbol{\theta}^{*\mathrm{T}} \boldsymbol{\xi}(s,\dot{s}) + \varepsilon - \hat{\boldsymbol{\theta}} \boldsymbol{\xi}(s,\dot{s}) = -\tilde{\boldsymbol{\theta}} \boldsymbol{\xi}(s,\dot{s}) + \varepsilon \tag{6.6}$$

由式（6.3）可以得到

$$\begin{aligned} u_{eq} &= a_3 [\ddot{x}_d + \ddot{e} - \dot{s} - a_1 x_2 - a_2 x_3 - a_4]/g(x_v) \\ &= a_3 [\dot{x}_3 - \dot{s} - a_1 x_2 - a_2 x_3 - a_4]/g(x_v) \\ &= a_3 [g(x_v)u/a_3 - \dot{s}]/g(x_v) \end{aligned} \tag{6.7}$$

故可得

$$\dot{s} = g(x_v)(u - u_{eq})/a_3 \tag{6.8}$$

定义 Lyapunov 函数为

$$V_1 = \frac{1}{2}s^2 + \frac{g(x_v)}{2a_3 \eta_1} \tilde{\boldsymbol{\theta}}^{\mathrm{T}} \tilde{\boldsymbol{\theta}} \tag{6.9}$$

式中：η_1 为大于零的常数。

对式（6.9）求导，得

$$\dot{V}_1 = sg(x_v)(\hat{u}_{eq} + u_s - u_{eq})/a_3 + \frac{g(x_v)}{a_3\eta_1}\tilde{\boldsymbol{\theta}}^T\dot{\tilde{\boldsymbol{\theta}}}$$

$$= sg(x_v)(\tilde{u}_{eq} - \varepsilon + u_s)/a_3 + \frac{g(x_v)}{a_3\eta_1}\tilde{\boldsymbol{\theta}}^T\dot{\tilde{\boldsymbol{\theta}}} \quad (6.10)$$

$$= \frac{g(x_v)\tilde{\boldsymbol{\theta}}^T}{a_3}(s\boldsymbol{\xi} + \frac{1}{\eta_1}\dot{\tilde{\boldsymbol{\theta}}}) + \frac{sg(x_v)}{a_3}(u_s - \varepsilon)$$

为使 $\dot{V}_1 \leqslant 0$，采用如下自适应律和切换控制：

$$\dot{\tilde{\boldsymbol{\theta}}} = \dot{\hat{\boldsymbol{\theta}}} = -\eta_1 s\boldsymbol{\xi}, \quad u_s = -E\operatorname{sgn}(s) \quad (6.11)$$

将式(6.11)代入式(6.10)得

$$\dot{V}_1 = -E|s|g(x_v)/a_3 - \varepsilon sg(x_v)/a_3 \quad (6.12)$$
$$\leqslant -E|s|g(x_v)/a_3 + |\varepsilon||s|g(x_v)/a_3 = -(E-|\varepsilon|)|s|g(x_v)/a_3 < 0$$

切换控制是产生抖振的主要原因。实际中切换增益 E 很难确定，如果 E 选的值过大，则会产生抖振，致使系统不稳定；如果 E 过小，又难以达到控制的要求。最好是 E 值能根据系统的动态性能自适应的变化。在 6.2 节介绍过用模糊控制对切换增益进行自适应调节，这里再介绍一种基于自适应控制的参数调节方法。

用估计值 $\hat{E}$ 代替 E，且估计误差 $\tilde{E} = \hat{E} - E$，定义 Lyapunov 函数为

$$V = V_1 + \frac{1}{2}s^2 + \frac{g(x_v)}{2a_3\eta_1}\tilde{\boldsymbol{\theta}}^T\tilde{\boldsymbol{\theta}} + \frac{g(x_v)}{2a_3\eta_2}\tilde{E}^2 \quad (6.13)$$

式中：η_2 为大于零的常数。

对式(6.13)求导，并综合式(6.12)，得

$$\dot{V} = -E|s|\frac{g(x_v)}{a_3} - \varepsilon s\frac{g(x_v)}{a_3} + \frac{g(x_v)}{\eta_2 a_3}(\hat{E} - E)\dot{\hat{E}} \quad (6.14)$$

为使 $\dot{V} \leqslant 0$，取 $\hat{E}$ 的自适应律为

$$\dot{\hat{E}} = \eta_2|s| \quad (6.15)$$

将式(6.15)代入式(6.14)，得

$$\dot{V} = -\hat{E}|s|\frac{g(x_v)}{a_3} - \varepsilon s\frac{g(x_v)}{a_3} + \frac{g(x_v)}{a_3}(\hat{E} - E)|s|$$

$$= -\varepsilon s\frac{g(x_v)}{a_3} - E|s|\frac{g(x_v)}{a_3} \leqslant |\varepsilon||s|\frac{g(x_v)}{a_3} - E|s|\frac{g(x_v)}{a_3} \quad (6.16)$$

$$= -\frac{g(x_v)}{a_3}|s|(E - |\varepsilon|) < 0$$

根据滑模控制理论可知，该控制系统在李亚普诺夫意义下是渐近稳定的，当 $t \to \infty$ 时，系统的跟踪误差沿滑模收敛至零。

6.3.3 遗传优化自适应参数

在 6.3.2 节模糊自适应等效滑模控制器的设计过程中，发现采用式(6.11)和式(6.15)表示自适应律时，自适应参数 η_1 和 η_2 对控制器的性能有较大影响，所以采用遗传算法对参数进行优化，以获得最佳的控制效果。

　　遗传算法是一类借鉴生物界自然选择和自然遗传机制的随机搜索算法,能在概率意义上收敛到全局最优解。目前,遗传算法已被广泛应用于组合优化、机器学习、信号处理、自适应控制以及人工生命等领域,并取得了良好的成果。遗传算法采用选择、交叉、变异算子进行搜索,全局搜索能力强,能在搜索过程中自动获取和积累有关搜索空间知识,其结果是向全局最优解方向收敛,最终达到或逼近最优解。

　　遗传算法流程图如图 6.1 所示,求解步骤如下:

　　(1)确定约束条件。通过反复仿真实验,确定参数 η_1 的取值范围为 $[0,100]$,η_2 的取值范围为 $[0,1]$。

　　(2)参数编码。由于遗传算法无法直接处理空间的参数,所以必须通过编码把问题的可行解表示成染色体或个体。这里采用二进制编码,参数 η_1 和 η_2 分别用长度为 10 的二进制编码串,然后将二者连在一起构成一个 20 位的编码串,解码时前 10 位为 η_1,后 10 位为 η_2,并分别转换为对应的十进制。

　　(3)适应度函数。适应度函数是区分群体中个体好坏的标准,是指导自然选择的唯一依据。这里采用切换函数的绝对值最小,同时加入控制信号的二次方项的方法,防止控制量过大。适应度函数定义如下:

$$F_{\text{fit}} = \int_0^\infty \frac{1}{\alpha \, |s| + \beta u^2} \mathrm{d}t \tag{6.17}$$

式中:α、β 为正常数;目标函数 J 取适应度函数的导数,即 $J = 1/F_{\text{fit}}$。

　　(4)选择、交叉、变异操作。选择操作是从旧的群体中以一定概率选择优良个体组成新种群,个体适应度越高,被选中的概率越大,采用基于适应度比例的选择策略;交叉操作是指从种群中随机选择两个个体,通过染色体交换组合得到新个体,采用单点交叉算子;变异操作是随机选中一个个体,选择个体中的一点进行变异产生新个体,变异操作的主要目的是保持种群的多样性,采用基本位变异算子。

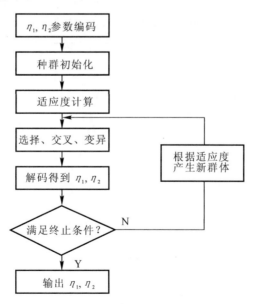

图 6.1　遗传算法流程图

　　确定遗传算法的种群规模为 20,进化代数为 30,选择概率为 0.9,交叉概率为 0.6,变异概率为 0.01。

6.3.4 仿真验证

将设计的基于遗传算法优化自适应参数的模糊自适应等效滑模控制器用于起竖系统过程控制,控制系统原理图如图 6.2 所示。

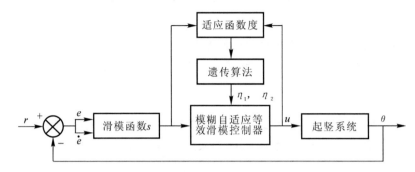

图 6.2 模糊自适应等效滑模控制原理图

对于模糊系统,取以下 5 种隶属函数对模糊系统输入 s 和 $\dot{s}$ 进行模糊化:

$$\mu_{NM}=\exp\left[-\left(\frac{x+\pi/3}{\pi/12}\right)^2\right]; \quad \mu_{NS}=\exp\left[-\left(\frac{x+\pi/6}{\pi/12}\right)^2\right]; \quad \mu_{ZO}=\exp\left[-\left(\frac{x}{\pi/12}\right)^2\right]$$

$$\mu_{PS}=\exp\left[-\left(\frac{x-\pi/6}{\pi/12}\right)^2\right]; \quad \mu_{PM}=\exp\left[-\left(\frac{x-\pi/3}{\pi/12}\right)^2\right]$$

式中:x 代表模糊系统输入 s 和 $\dot{s}$,用于逼近等效控制量的模糊规则有 25 条。

根据隶属函数设计程序,可得到隶属函数图如图 6.3 所示。

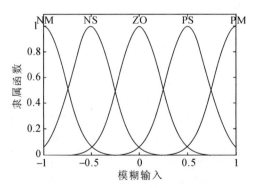

图 6.3 s、$\dot{s}$ 的隶属函数曲线

用遗传算法对自适应参数 η_1 和 η_2 进行优化,其中参数 $\alpha=0.4,\beta=0.02$,经过 30 代后得到优化后的自适应参数 $\eta_1=16.54,\eta_2=0.25$。

将设计的模糊自适应等效滑模控制器用于起竖过程控制,得到的仿真结果如图 6.4～图 6.7 所示。

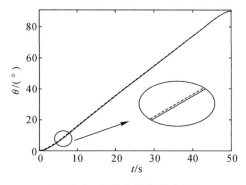

图 6.4　起竖角度跟踪曲线

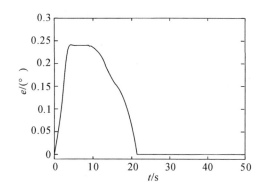

图 6.5　起竖角度跟踪误差曲线

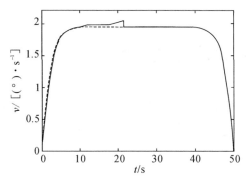

图 6.6　起竖角速度跟踪曲线

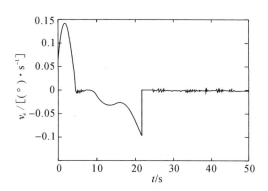

图 6.7　起竖角速度跟踪误差曲线

图 6.4 所示为起竖角度跟踪曲线,从图中可以看出所设计的模糊自适应等效滑模控制器能实现很快跟踪,整个跟踪过程比较稳定,并且能达到较高的精度,这也说明所设计的模糊系统能较好地逼近等效控制量。图 6.5 给出了角度跟踪误差曲线,最大跟踪误差为 0.242 1°,起竖到位后误差非常小,基本为零,满足对起竖过程的要求,并且也可以看出,和前面的滑模控制策略不同,起竖过程中该控制方法在开始跟踪误差逐渐增大后又减小,大概到 22 s 后误差几乎为零,一直持续到起竖角为 90°。图 6.6 和图 6.7 还给出了起竖过程的角速度跟踪曲线和角速度跟踪误差曲线,从图中可以看出该控制对起竖角速度曲线也能实现很好的跟踪,在起竖过程的开始阶段有一定的误差,最大误差 0.143 5°/s,后逐渐减小又增大,在到约 22 s 后迅速减小,误差几乎为零。

图 6.8 给出了该控制器的控制信号曲线,从图中可以看出,开始信号都比较平滑,在 22 s 附近有一个很小的跳变,之后的一段时间也伴随着微小的抖动,但相比传统滑模控制已经减小很多,这也说明用自适应律来自动调整切换增益有效减小了抖振。图 6.9 还给出了未加遗传算法优化自适应参数的起竖角度误差曲线,从图中可以看出最大误差要比经过遗传算法优化的大,最大误差为 0.297 1°,另外在 4.5～8.2 s 这段时间有一定的波动,在 22 s 附近也有冲

击,影响系统的稳定性,说明经遗传算法优化后的控制器稳定性和精度都有所提高。

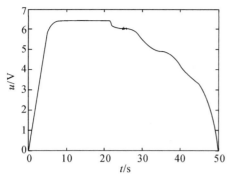

图 6.8　控制信号曲线

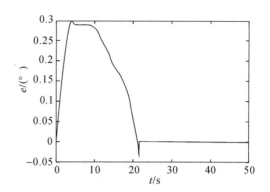

图 6.9　未加遗传算法的起竖角度误差曲线

6.4　切换模糊化自适应滑模控制

由分析可知,切换项是产生抖振的主要原因,前面介绍了切换增益模糊化和设计切换自适应律两种方法。由于模糊系统具有万能逼近特性,所以可以利用自适应模糊控制方法,对滑模控制器中的切换项进行模糊逼近,将切换项连续化,从而有效降低抖振,扩展控制器的应用范围。

6.4.1　切换模糊化自适应滑模控制

将起竖系统模型式变为

$$
\left.\begin{array}{l}
\dot{x}_1 = x_2 \\
\dot{x}_2 = x_3 \\
\dot{x}_3 = f(x,t) + w(x,t)u + d(t)
\end{array}\right\}
\tag{6.18}
$$

式中:$f(x,t) = a_1 x_2 + a_2 x_3 + a_4$;$w(x,t) = g(x_v)/a_3$。

在设计滑模控制器时,切换项 $u_s = E\,\mathrm{sgn}(s)$,其中 $E > \max(|d(t)|)$,所以当干扰较大时控制信号会产生抖振,这里采用模糊系统 $\hat{h}$ 逼近 $E\,\mathrm{sgn}(s)$ 以减弱抖振。

采用乘积推理机、单值模糊器、中心平均解模糊器设计模糊系统,模糊系统输入为切换函数 s,输出为切换项 $\hat{h}$,可得到控制律为

$$
u(t) = \frac{1}{w(x,t)}\left[-f(x,t) - c_1 e_2 - c_2 e_3 + \dddot{x}_d - \dot{\hat{h}}(s)\right]
\tag{6.19}
$$

$$
\hat{h}(s) = \hat{\boldsymbol{\theta}}^{\mathrm{T}} \boldsymbol{\varphi}(s)
\tag{6.20}
$$

式中:$\boldsymbol{\varphi}(s)$ 为模糊向量;$\hat{\boldsymbol{\theta}}$ 是未知参数估计向量,随自适应律而变化。

$\hat{\boldsymbol{\theta}}$ 的自适应律为

$$\dot{\boldsymbol{\theta}} = \gamma s \boldsymbol{\varphi}(s) \tag{6.21}$$

式中:γ 为大于零的常数。

假设理想估计为

$$h^*(s \mid \boldsymbol{\theta}^*) = E\operatorname{sgn}(s) \tag{6.22}$$

式中:$\boldsymbol{\theta}^*$ 为理想估计参数。则切换函数的导数为

$$
\begin{aligned}
\dot{s} &= c_1 e_2 + c_2 e_3 + f(x,t) + w(x,t)u + d(t) - \dddot{x}_d \\
&= -\hat{h}(s \mid \hat{\boldsymbol{\theta}}) + d(t) \\
&= -\hat{h}(s \mid \hat{\boldsymbol{\theta}}) + d(t) + h^*(s \mid \boldsymbol{\theta}^*) - h^*(s \mid \boldsymbol{\theta}^*) \\
&= \tilde{\boldsymbol{\theta}}^{\mathrm{T}} \boldsymbol{\varphi}(s) + d(t) - h^*(s \mid \boldsymbol{\theta}^*)
\end{aligned} \tag{6.23}
$$

式中:$\tilde{\boldsymbol{\theta}} = \boldsymbol{\theta}^* - \hat{\boldsymbol{\theta}}$ 为参数估计误差。

定义 Lyapunov 函数为

$$V = \frac{1}{2}s^2 + \frac{1}{2\gamma}\tilde{\boldsymbol{\theta}}^{\mathrm{T}}\tilde{\boldsymbol{\theta}} \tag{6.24}$$

对式(6.24)求导,得

$$
\begin{aligned}
\dot{V} &= s\dot{s} + \frac{1}{\gamma}\tilde{\boldsymbol{\theta}}^{\mathrm{T}}\dot{\tilde{\boldsymbol{\theta}}} \\
&= s\left[\tilde{\boldsymbol{\theta}}^{\mathrm{T}}\boldsymbol{\varphi}(s) + d(t) - h^*(s \mid \boldsymbol{\theta}^*)\right] + \frac{1}{\gamma}\tilde{\boldsymbol{\theta}}^{\mathrm{T}}\dot{\tilde{\theta}} \\
&= s\tilde{\boldsymbol{\theta}}^{\mathrm{T}}\boldsymbol{\varphi}(s) + \frac{1}{\gamma}\tilde{\boldsymbol{\theta}}^{\mathrm{T}}\dot{\tilde{\boldsymbol{\theta}}} + s\left[d(t) - h^*(s \mid \boldsymbol{\theta}^*)\right]
\end{aligned} \tag{6.25}
$$

由式(6.22),得

$$\dot{V} = \frac{1}{\gamma}\tilde{\boldsymbol{\theta}}^{\mathrm{T}}\left(\gamma s\boldsymbol{\varphi}(s) - \dot{\hat{\boldsymbol{\theta}}}\right) + sd(t) - E\mid s\mid \tag{6.26}$$

将自适应律式(6.21)代入式(6.26),且 $E > \max(\mid d(t)\mid)$,得

$$\dot{V} = sd(t) - E\mid s\mid < 0 \tag{6.27}$$

所以该控制系统是稳定的,且跟踪误差收敛。

6.4.2　复杂切换模糊化自适应滑模控制

在 6.4.1 节介绍了一种对切换项进行模糊逼近的控制策略,从控制器表达式(6.19)可以看出,如果式中 $f(x,t)$,$w(x,t)$ 均为未知非线性函数或存在严重不确定性,则控制器的效果就很难保证。在此基础上,可以继续利用模糊系统的万能逼近特性,设计模糊系统 $\hat{f}$、$\hat{w}$ 及 $\hat{h}$ 来逼近 f,w 及 $E\operatorname{sgn}(s)$,进一步提高控制器的鲁棒性。

模糊系统 $\hat{f}$ 和 $\hat{w}$ 的输入是 x_1、x_2、x_3,输出是 $\hat{f}$ 和 $\hat{w}$,模糊系统 $\hat{h}$ 的输入是 s,输出是 $\hat{h}$,则控制律变为

$$u(t) = \frac{1}{\hat{w}(x,t)}\left[-\hat{f}(x,t) - c_1 e_2 - c_2 e_3 + \dddot{x}_d - \hat{h}(s)\right] \tag{6.28}$$

$$\hat{f}(x) = \hat{\boldsymbol{\theta}}_f^{\mathrm{T}} \boldsymbol{\xi}(x), \quad \hat{w}(x) = \hat{\boldsymbol{\theta}}_w^{\mathrm{T}} \boldsymbol{\xi}(x), \quad \hat{h}(s) = \hat{\boldsymbol{\theta}}_h^{\mathrm{T}} \boldsymbol{\varphi}(s) \tag{6.29}$$

式中：$\boldsymbol{\xi}(x), \boldsymbol{\varphi}(s)$ 为模糊向量；向量 $\hat{\boldsymbol{\theta}}_f^{\mathrm{T}}$、$\hat{\boldsymbol{\theta}}_w^{\mathrm{T}}$、$\hat{\boldsymbol{\theta}}_h^{\mathrm{T}}$ 是未知参数估计向量，随自适应律而变化。

设计参数向量 $\hat{\boldsymbol{\theta}}_f$、$\hat{\boldsymbol{\theta}}_w$、$\hat{\boldsymbol{\theta}}_h$ 的自适应律为

$$\left. \begin{aligned} \dot{\hat{\boldsymbol{\theta}}}_f &= \gamma_1 s \boldsymbol{\xi}(x) \\ \dot{\hat{\boldsymbol{\theta}}}_w &= \gamma_2 s \boldsymbol{\xi}(x) u \\ \dot{\hat{\boldsymbol{\theta}}}_h &= \gamma_3 s \boldsymbol{\varphi}(s) \end{aligned} \right\} \tag{6.30}$$

定义最优逼近参数为 $\boldsymbol{\theta}_f^*, \boldsymbol{\theta}_w^*, \boldsymbol{\theta}_h^*$，且 $f(x) + w(x)u = f(x|\boldsymbol{\theta}_f^*) + w(x|\boldsymbol{\theta}_w^*)u + \varepsilon$，其中，$\varepsilon$ 为最小逼近误差，且 $|\varepsilon| < E$。

将控制律(6.28)代入则可得到切换函数的导数：

$$\begin{aligned} \dot{s} &= c_1 e_2 + c_2 e_3 + f(x,t) + w(x,t)u + d(t) - \dddot{x}_d \\ &= c_1 e_2 + c_2 e_3 + f(x,t) + \hat{w}(x,t)u + [w(x,t) - \hat{w}(x,t)]u + d(t) - \dddot{x}_d \\ &= f(x,t) - \hat{f}(x,t) - \hat{h}(s|\theta_h) + [w(x,t) - \hat{w}(x,t)]u + d(t) \\ &= f(x|\boldsymbol{\theta}_f^*) - \hat{f}(x,t) - \hat{h}(s|\boldsymbol{\theta}_h) + [w(x|\boldsymbol{\theta}_w^*) - \hat{w}(x,t)]u + d(t) + \varepsilon + \\ &\quad \hat{h}(s|\boldsymbol{\theta}_h^*) - \hat{h}(s|\boldsymbol{\theta}_h^*) \\ &= \tilde{\boldsymbol{\theta}}_f^{\mathrm{T}} \boldsymbol{\xi}(x) + \tilde{\boldsymbol{\theta}}_w^{\mathrm{T}} \boldsymbol{\xi}(x)u + \tilde{\boldsymbol{\theta}}_h^{\mathrm{T}} \boldsymbol{\varphi}(s) + d(t) + \varepsilon - \hat{h}(s|\boldsymbol{\theta}_h^*) \end{aligned} \tag{6.31}$$

式中：$\tilde{\boldsymbol{\theta}}_f = \boldsymbol{\theta}_f^* - \hat{\boldsymbol{\theta}}_f$，$\tilde{\boldsymbol{\theta}}_w = \boldsymbol{\theta}_w^* - \hat{\theta}_w$，$\tilde{\boldsymbol{\theta}}_h = \boldsymbol{\theta}_h^* - \hat{\boldsymbol{\theta}}_h$。

定义 Lyapunov 函数

$$V = \frac{1}{2}s^2 + \frac{1}{2\gamma_1}\tilde{\boldsymbol{\theta}}_f^{\mathrm{T}}\tilde{\boldsymbol{\theta}}_f + \frac{1}{2\gamma_2}\tilde{\boldsymbol{\theta}}_w^{\mathrm{T}}\tilde{\boldsymbol{\theta}}_w + \frac{1}{2\gamma_3}\tilde{\boldsymbol{\theta}}_h^{\mathrm{T}}\tilde{\boldsymbol{\theta}}_h \tag{6.32}$$

对式(6.32)求导，得

$$\begin{aligned} \dot{V} &= s\dot{s} + \frac{1}{\gamma_1}\tilde{\boldsymbol{\theta}}_f^{\mathrm{T}}\dot{\tilde{\boldsymbol{\theta}}}_f + \frac{1}{\gamma_2}\tilde{\boldsymbol{\theta}}_w^{\mathrm{T}}\dot{\tilde{\boldsymbol{\theta}}}_w + \frac{1}{\gamma_3}\tilde{\boldsymbol{\theta}}_h^{\mathrm{T}}\dot{\tilde{\boldsymbol{\theta}}}_h \\ &= s[\tilde{\boldsymbol{\theta}}_f^{\mathrm{T}}\boldsymbol{\xi}(x) + \tilde{\boldsymbol{\theta}}_w^{\mathrm{T}}\boldsymbol{\xi}(x)u + \tilde{\boldsymbol{\theta}}_h^{\mathrm{T}}\boldsymbol{\varphi}(s) + d(t) + \varepsilon - \hat{h}(s|\boldsymbol{\theta}_h^*)] + \\ &\quad \frac{1}{\gamma_1}\tilde{\boldsymbol{\theta}}_f^{\mathrm{T}}\dot{\tilde{\boldsymbol{\theta}}}_f + \frac{1}{\gamma_2}\tilde{\boldsymbol{\theta}}_w^{\mathrm{T}}\dot{\tilde{\boldsymbol{\theta}}}_w + \frac{1}{\gamma_3}\tilde{\boldsymbol{\theta}}_h^{\mathrm{T}}\dot{\tilde{\boldsymbol{\theta}}}_h \\ &= s\tilde{\boldsymbol{\theta}}_f^{\mathrm{T}}\boldsymbol{\xi}(x) + \frac{1}{\gamma_1}\tilde{\boldsymbol{\theta}}_f^{\mathrm{T}}\dot{\tilde{\boldsymbol{\theta}}}_f + s\tilde{\boldsymbol{\theta}}_w^{\mathrm{T}}\boldsymbol{\xi}(x)u + \frac{1}{\gamma_2}\tilde{\boldsymbol{\theta}}_w^{\mathrm{T}}\dot{\tilde{\boldsymbol{\theta}}}_w + s\tilde{\boldsymbol{\theta}}_h^{\mathrm{T}}\boldsymbol{\varphi}(s) + \\ &\quad \frac{1}{\gamma_3}\tilde{\boldsymbol{\theta}}_h^{\mathrm{T}}\dot{\tilde{\boldsymbol{\theta}}}_h + s[d(t) - \hat{h}(s|\boldsymbol{\theta}_h^*)] + s\varepsilon \end{aligned} \tag{6.33}$$

因为 $\hat{h}(s|\boldsymbol{\theta}_h^*) = E\mathrm{sgn}(s) = (D+\Delta)\mathrm{sgn}(s)$，$\max(|d(t)| \leqslant D$，则有

$$\begin{aligned} \dot{V} &= \tilde{\boldsymbol{\theta}}_f^{\mathrm{T}}(s\boldsymbol{\xi}(x) + \frac{1}{\gamma_1}\dot{\tilde{\boldsymbol{\theta}}}_f) + \tilde{\boldsymbol{\theta}}_w^{\mathrm{T}}(s\boldsymbol{\xi}(x)u + \frac{1}{\gamma_2}\dot{\tilde{\boldsymbol{\theta}}}_w) \\ &\quad + \tilde{\boldsymbol{\theta}}_h^{\mathrm{T}}(s\boldsymbol{\varphi}(s) + \frac{1}{\gamma_3}\dot{\tilde{\boldsymbol{\theta}}}_h) + sd(t) + s\varepsilon - (D+\Delta)|s| \end{aligned} \tag{6.34}$$

式中：$\dot{\tilde{\boldsymbol{\theta}}}_f = -\dot{\hat{\boldsymbol{\theta}}}_f$，$\dot{\tilde{\boldsymbol{\theta}}}_w = -\dot{\hat{\boldsymbol{\theta}}}_w$，$\dot{\tilde{\boldsymbol{\theta}}}_h = -\dot{\hat{\boldsymbol{\theta}}}_h$，将自适应律式(6.28)代入式(6.32)得

$$\dot{V} \leqslant s\varepsilon - \Delta |s| \tag{6.35}$$

由模糊逼近原理可知,模糊逼近误差 ε 可以实现无限小,因此合理选取 Δ 的值可以保证 $\dot{V} \leqslant 0$,所以该控制系统是渐近稳定的,且跟踪误差收敛。

6.4.3　仿真验证

对于非线性函数 $f(x,t)$,$w(x,t)$ 的模糊逼近,取 5 种隶属函数对模糊输入 x_1,x_2,x_3 进行模糊化

$$\mu_{NM} = \exp\left[-\left(\frac{x_i + \pi/3}{\pi/12}\right)^2\right]; \quad \mu_{NS} = \exp\left[-\left(\frac{x_i + \pi/6}{\pi/12}\right)^2\right]; \quad \mu_{ZO} = \exp\left[-\left(\frac{x_i}{\pi/12}\right)^2\right]$$

$$\mu_{PS} = \exp\left[-\left(\frac{x_i - \pi/6}{\pi/12}\right)^2\right]; \quad \mu_{PM} = \exp\left[-\left(\frac{x_i - \pi/3}{\pi/12}\right)^2\right]$$

式中:$i = 1,2,3$,则用于对 f,w 的模糊规则分别有 125 条。

对于切换项 $E\mathrm{sgn}(s)$ 的模糊逼近,定义切换函数 s 的隶属函数为

$$\mu_N = \frac{1}{1 + \exp[5(s+3)]}; \quad \mu_Z = \exp(-s^2); \quad \mu_P = \frac{1}{1 + \exp[5(s-3)]}$$

取参数 $c_1 = 36\,500$,$c_2 = 385$,$\gamma_1 = 240$,$\gamma_2 = 0.5$,$\gamma_3 = 16$,仿真结果如图 6.10～图 6.14 所示。

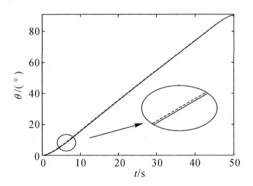

图 6.10　起竖角度跟踪曲线

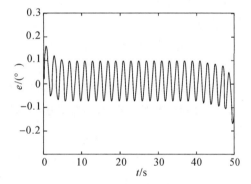

图 6.11　起竖角度误差曲线

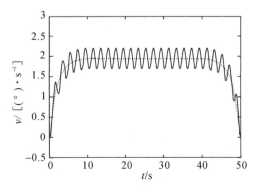

图 6.12　起竖角速度跟踪曲线

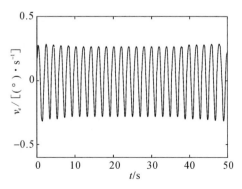

图 6.13　起竖角速度误差曲线

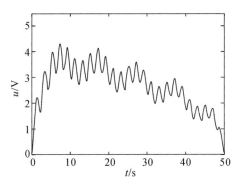

图 6.14　控制信号曲线

图 6.10 和图 6.11 所示分别给出了起竖角度跟踪曲线和角度跟踪误差曲线,结果表明,该控制器能够实现目标信号的精确跟踪,可以达到较高的精度,比模糊自适应等放控制器的精度高。最大跟踪误差为 0.154 1°,起竖到位后误差为 0.102 3°,这也说明设计的模糊系统 $\hat{f}$、$\hat{w}$ 及 $\hat{h}$ 能够较好地逼近非线性函数 f、w 及切换项 $E\mathrm{sgn}(s)$。同时还可以看到,与前面的滑模控制方法不同,跟踪误差信号在零附近来回波动,但不同于传统滑模的高频振动。图 6.12 和图 6.13 所示为跟踪角速度曲线和角速度误差曲线,发现角速度跟踪曲线中也存在一定低频的抖动,最大角速度跟踪误差为 0.284 0°/s,所以从对起竖角速度曲线的跟踪效果讲,没有 6.4.2 节的模糊自适应等效滑模控制得到的控制效果好。图 6.14 所示为控制信号曲线,可以看出整个曲线也存在一定的抖动,但和传统滑模控制相比,没有高频抖振出现,复杂切换模糊化自适应滑模控制的优点在于不需要系统精确的数学模型,在非线性函数 f、w 不确定的情况下仍能实现控制,且对参数的变化和外界干扰也不敏感,控制器有较强的鲁棒性。

图 6.15 和图 6.16 给出了非线性函数 f、w 及 $\hat{f}$、$\hat{w}$ 的变化曲线,从图中可以看出模糊系统能根据系统变化实现对非线性函数的在线估计,从而对参数不确定性和外界干扰具有鲁棒性,提高了控制器的适用范围。

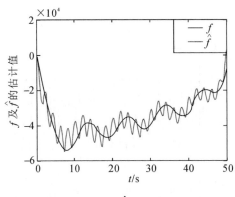

图 6.15　f 及 $\hat{f}$ 的变化曲线

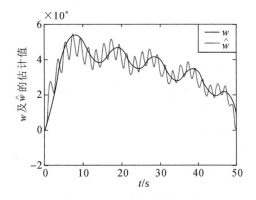

图 6.16　w 及 $\hat{w}$ 的变化曲线

6.5　基于复杂切换模糊项的经纬仪转位自适应非奇异终端滑模控制

6.5.1　控制器设计

假设系统中的非线性函数 $f(x,t)$、$w(x,t)$ 未知,则控制器无法实现,如设计模糊系统 $\hat{f}$、$\hat{w}$ 及 $\hat{h}$ 分别逼近系统中的未知信息 f、w 及 $E\mathrm{sgn}(s)$,可有效提高控制系统鲁棒性。

设计非奇异终端滑模面函数为

$$s(t)=e_1(t)+\alpha e_2(t)+\beta e_2(t)^{q/p}+e_3(t) \tag{6.36}$$

式中:$0<p/q<1$;α,β 为大于零的常数。

采用改进的指数趋近律,则 $\dot{s}(t)=-\varepsilon s-a\,|\,s\,|^\lambda\mathrm{sgn}(s)$,$\varepsilon>0$,$a>0$,$0<\lambda<1$。

x_1,x_2,x_3 为模糊推理系统输入,输出为 $\hat{f}$ 和 $\hat{g}$,而另外一个模糊推理系统的输入是 s,输出是 $\hat{h}$,则控制器可变化为

$$u(t)=\frac{1}{\hat{g}(x,t)}\Big[-\hat{f}(x,t)-e_2-\alpha e_3-\beta\frac{q}{p}e_2^{q/p-1}e_3-\varepsilon s-a\,|\,s\,|^\lambda\mathrm{sgn}(s)+\dddot{x}_{\mathrm d}-\hat{h}(s)\Big]$$

$$\tag{6.37}$$

$$\hat{f}(x\,|\,\boldsymbol{\theta}_f)=\boldsymbol{\theta}_f^{\mathrm T}\boldsymbol{\xi}(\boldsymbol{x}),\quad \hat{g}(\boldsymbol{x}\,|\,\boldsymbol{\theta}_g)=\boldsymbol{\theta}_g^{\mathrm T}\boldsymbol{\xi}(\boldsymbol{x}),\quad \hat{h}(s\,|\,\boldsymbol{\theta}_h)=\boldsymbol{\theta}_h^{\mathrm T}\boldsymbol{\varphi}(s) \tag{6.38}$$

式中:$\hat{f}(x\,|\,\boldsymbol{\theta}_f)$、$\hat{g}(\boldsymbol{x}\,|\,\boldsymbol{\theta}_g)$、$\hat{h}(s\,|\,\boldsymbol{\theta}_h)$ 为模糊推理系统输出;$\boldsymbol{\xi}(\boldsymbol{x})$、$\boldsymbol{\varphi}(s)$ 为模糊向量;向量 $\boldsymbol{\theta}_f^{\mathrm T}$、$\boldsymbol{\theta}_g^{\mathrm T}$、$\boldsymbol{\theta}_h^{\mathrm T}$ 根据自适应律而变化,来估计位置参数。假设条件如下:

$$\hat{h}(s\,|\,\boldsymbol{\theta}_h^*)=\eta_\Delta\mathrm{sgn}(s) \tag{6.39}$$

$$\eta_\Delta=D+\eta,\quad \eta\geqslant0 \tag{6.40}$$

$$|\,F(t)\,|\leqslant D \tag{6.41}$$

参数向量 $\boldsymbol{\theta}_f$、$\boldsymbol{\theta}_g$、$\boldsymbol{\theta}_h$ 的自适应律可设计为

$$\left.\begin{aligned}\boldsymbol{\theta}_f&=r_1 s\boldsymbol{\xi}(\boldsymbol{x})\\\boldsymbol{\theta}_g&=r_2 s\boldsymbol{\xi}(\boldsymbol{x})u\\\boldsymbol{\theta}_h&=r_3 s\boldsymbol{\varphi}(s)\end{aligned}\right\} \tag{6.42}$$

式中:最优参数定义为

$$\boldsymbol{\theta}_f^*=\arg\min_{\boldsymbol{\theta}_f\in\Omega_f}\Big[\sup_{x\in\mathbf{R}}|\,\hat{f}(x,\boldsymbol{\theta}_f)-f(x,t)\,|\Big]$$

$$\boldsymbol{\theta}_g^*=\arg\min_{\boldsymbol{\theta}_g\in\Omega_g}\Big[\sup_{x\in\mathbf{R}}|\,\hat{g}(x,\boldsymbol{\theta}_g)-g(x,t)\,|\Big]$$

$$\boldsymbol{\theta}_h^*=\arg\min_{\boldsymbol{\theta}_h\in\Omega_h}\Big[\sup_{x\in\mathbf{R}}|\,\hat{h}(s,\boldsymbol{\theta}_h)-u_{\mathrm{sw}}\,|\Big]$$

式中:Ω_f、Ω_g、Ω_h 分别为 $\boldsymbol{\theta}_f$、$\boldsymbol{\theta}_g$、$\boldsymbol{\theta}_h$ 的集合。

定义最小逼近误差 $\omega=f(x,t)-\hat{f}(x\,|\,\boldsymbol{\theta}_f^*)+(g(x,t)-\hat{g}(x\,|\,\boldsymbol{\theta}_g^*)]u)$,$|\,\omega\,|\leqslant\omega_{\max}$,并将控制律式(6.37)代入,得

$$\dot{s}=e_2+\alpha e_3+\beta \frac{q}{p}e_2^{q/p-1}e_3+f(x,t)+g(x,t)u(t)+d(t)-\dddot{x}_{\mathrm{d}}$$

$$=e_2+\alpha e_3+\beta \frac{q}{p}e_2^{q/p-1}e_3+f(x,t)+\hat{g}(x,t)u(t)+[g(x,t)-\hat{g}(x,t)]u(t)+d(t)-\dddot{x}_{\mathrm{d}}$$

$$=e_2+\alpha e_3+\beta \frac{q}{p}e_2^{q/p-1}e_3+f(x,t)-\hat{f}(x,t)-e_2-\alpha e_3-\beta \frac{q}{p}e_2^{q/p-1}e_3-\varepsilon s-$$

$$a\,|\,s\,|^{\lambda}\mathrm{sgn}(s)-\hat{h}(s)+\dddot{x}_{\mathrm{d}}+[g(x,t)-\hat{g}(x,t)]u(t)+d(t)-\dddot{x}_{\mathrm{d}}$$

$$=f(x,t)-\hat{f}(x,t)+(g(x,t)-\hat{g}(x,t))u(t)-\hat{h}(s)+d(t)-\varepsilon s-a\,|\,s\,|^{\lambda}\mathrm{sgn}(s)$$

$$=\hat{f}(x\,|\,\boldsymbol{\theta}_f^*)-\hat{f}(x,t)+[\hat{g}(x\,|\,\boldsymbol{\theta}_g^*)-\hat{g}(x,t)]u(t)+\hat{h}(s\,|\,\boldsymbol{\theta}_h^*)-$$

$$\hat{h}(s\,|\,\boldsymbol{\theta}_h)+d(t)+\omega-\varepsilon s-a\,|\,s\,|^{\lambda}\mathrm{sgn}(s)-\hat{h}(s\,|\,\boldsymbol{\theta}_h^*))$$

$$=\boldsymbol{\varphi}_f^{\mathrm{T}}\xi(x)+\boldsymbol{\varphi}_g^{\mathrm{T}}\xi(x)u(t)+\boldsymbol{\varphi}_h^{\mathrm{T}}\varphi(s)+d(t)+\omega-\varepsilon s-a\,|\,s\,|^{\lambda}\mathrm{sgn}(s)-\hat{h}(s\,|\,\boldsymbol{\theta}_h^*)$$

$$\tag{6.43}$$

式中：

$$\boldsymbol{\varphi}_f=\boldsymbol{\theta}_f^*-\boldsymbol{\theta}_f,\quad \boldsymbol{\varphi}_g=\boldsymbol{\theta}_g^*-\boldsymbol{\theta}_g,\quad \boldsymbol{\varphi}_h=\boldsymbol{\theta}_h^*-\boldsymbol{\theta}_h \tag{6.44}$$

Lyapunov 函数可定义为

$$V=\frac{1}{2}(s^2+\frac{1}{r_1}\boldsymbol{\varphi}_f^{\mathrm{T}}\boldsymbol{\varphi}_f+\frac{1}{r_2}\boldsymbol{\varphi}_g^{\mathrm{T}}\boldsymbol{\varphi}_g+\frac{1}{r_3}\boldsymbol{\varphi}_h^{\mathrm{T}}\boldsymbol{\varphi}_h) \tag{6.45}$$

式中：r_1,r_2,r_3 均为正常数。

进一步对式(6.45)求导得

$$\dot{V}=s\dot{s}+\frac{1}{r_1}\boldsymbol{\varphi}_f^{\mathrm{T}}\dot{\boldsymbol{\varphi}}_f+\frac{1}{r_2}\boldsymbol{\varphi}_g^{\mathrm{T}}\dot{\boldsymbol{\varphi}}_g+\frac{1}{r_3}\boldsymbol{\varphi}_h^{\mathrm{T}}\dot{\boldsymbol{\varphi}}_h$$

$$=s[\boldsymbol{\varphi}_f^{\mathrm{T}}\xi(x)+\boldsymbol{\varphi}_g^{\mathrm{T}}\xi(x)u(t)+\boldsymbol{\varphi}_h^{\mathrm{T}}\varphi(s)+d(t)+\omega-\varepsilon s-$$

$$a\,|\,s\,|^{\lambda}\mathrm{sgn}(s)-\hat{h}(s\,|\,\theta_h^*)]+\frac{1}{r_1}\boldsymbol{\varphi}_f^{\mathrm{T}}\dot{\boldsymbol{\varphi}}_f+\frac{1}{r_2}\boldsymbol{\varphi}_g^{\mathrm{T}}\dot{\boldsymbol{\varphi}}_g+\frac{1}{r_3}\boldsymbol{\varphi}_h^{\mathrm{T}}\dot{\boldsymbol{\varphi}}_h \tag{6.46}$$

$$=s\boldsymbol{\varphi}_f^{\mathrm{T}}\xi(x)+\frac{1}{r_1}\boldsymbol{\varphi}_f^{\mathrm{T}}\dot{\boldsymbol{\varphi}}_f+s\boldsymbol{\varphi}_g^{\mathrm{T}}\xi(x)u(t)+\frac{1}{r_2}\boldsymbol{\varphi}_g^{\mathrm{T}}\dot{\boldsymbol{\varphi}}_g+s\boldsymbol{\varphi}_h^{\mathrm{T}}\varphi(s)+$$

$$\frac{1}{r_3}\boldsymbol{\varphi}_h^{\mathrm{T}}\dot{\boldsymbol{\varphi}}_h+s[d(t)-\hat{h}(s\,|\,\theta_h^*)]+s\omega-\varepsilon s^2-a\,|\,s\,|^{\lambda+1}$$

由于 $\hat{h}(s\,|\,\boldsymbol{\theta}_h^*)=E\mathrm{sgn}(s)=(D+\Delta)\mathrm{sgn}(s),\max|d(t)|\leqslant D$，则

$$\dot{V}=\frac{1}{r_1}\boldsymbol{\varphi}_f^{\mathrm{T}}[r_1 s\xi(x)+\dot{\boldsymbol{\varphi}}_f]+\frac{1}{r_2}\boldsymbol{\varphi}_g^{\mathrm{T}}[r_2 s\xi(x)u(t)+\dot{\boldsymbol{\varphi}}_g]+\frac{1}{r_3}\boldsymbol{\varphi}_h^{\mathrm{T}}[r_3 s\varphi(s)+\dot{\boldsymbol{\varphi}}_h]+$$

$$sd(t)+s\omega-(D+\eta)\,|\,s\,|-\varepsilon s^2-a\,|\,s\,|^{\lambda+1}$$

$$\leqslant\frac{1}{r_1}\boldsymbol{\varphi}_f^{\mathrm{T}}[r_1 s\xi(x)+\dot{\boldsymbol{\varphi}}_f]+\frac{1}{r_2}\boldsymbol{\varphi}_g^{\mathrm{T}}[r_2 s\xi(x)u(t)+\dot{\boldsymbol{\varphi}}_g]+\frac{1}{r_3}\boldsymbol{\varphi}_h^{\mathrm{T}}[r_3 s\varphi(s)+\dot{\boldsymbol{\varphi}}_h]+$$

$$s\omega-\eta\,|\,s\,|-\varepsilon s^2-a\,|\,s\,|^{\lambda+1} \tag{6.47}$$

式中：$\dot{\boldsymbol{\varphi}}_f=-\boldsymbol{\theta}_f,\dot{\boldsymbol{\varphi}}_g=-\boldsymbol{\theta}_g,\dot{\boldsymbol{\varphi}}_h=-\boldsymbol{\theta}_h$，综合自适应律式(6.42)和式(6.47)，得

$$\dot{V}\leqslant s\varepsilon-\eta\,|\,s\,|-\varepsilon s^2-a\,|\,s\,|^{\lambda+1} \tag{6.48}$$

根据模糊逼近原理可知，ε 值可以无限小，选取合适的 Δ 值能够保证 $\dot{V}\leqslant 0$。

6.5.2　仿真分析

设计以下 5 种隶属函数,对模糊输入 x_1,x_2,x_3 进行模糊化,用以逼近系统非线性函数 $f(x,t),w(x,t)$:

$$\mu_{NM}=\exp\left[-(\frac{x_i+\pi/3}{\pi/12})^2\right];\quad \mu_{NS}=\exp\left[-(\frac{x_i+\pi/6}{\pi/12})^2\right];\quad \mu_{ZO}=\exp\left[-(\frac{x_i}{\pi/12})^2\right]$$

$$\mu_{PS}=\exp\left[-(\frac{x_i-\pi/6}{\pi/12})^2\right];\quad \mu_{PM}=\exp\left[-(\frac{x_i-\pi/3}{\pi/12})^2\right],\quad i=1,2,3$$

同样,设计以下 3 种隶属函数对切换函数 s 进行模糊化,逼近滑模切换项 $E\mathrm{sgn}(s)$:

$$\mu_N=\frac{1}{1+\exp[5(s+3)]};\mu_Z=\exp(-s^2);\mu_P=\frac{1}{1+\exp[5(s-3)]}$$

系统参数设置同 6.2.4 节;控制器参数设计为 $\alpha=10,\beta=0.1,p=5,q=7,\varepsilon=5,a=5,$ $\lambda=0.5,\gamma_1=20,\gamma_2=5,\gamma_3=10$。仿真结果如图 6.17~图 6.24 所示。

经纬仪转位角度跟踪曲线和转位角度跟踪误差曲线分别如图 6.17 和图 6.18 所示;转位角速度跟踪曲线和转位角速度跟踪误差曲线分别如图 6.19 和图 6.20 所示。

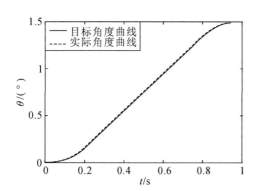

图 6.17　转位角度跟踪曲线

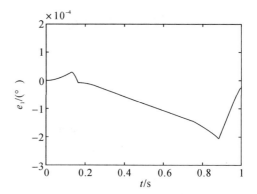

图 6.18　转位角度跟踪误差曲线

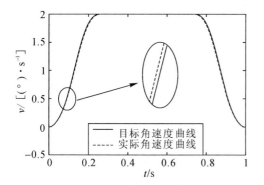

图 6.19　转位角速度跟踪曲线

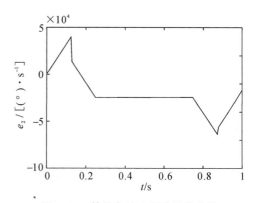

图 6.20　转位角速度跟踪误差曲线

由图 6.17~图 6.20 可知,利用设计的控制器能够较好地实现目标信号的精确跟踪,最大转位角度跟踪误差为 2.08×10^{-4}°$\approx0.75''$,最后定位误差为 2.26×10^{-5}°$\approx0.082''$,与 5.3 节中的控制器相较,控制精度存在一定程度下降,但仍能较好地满足系统对转位精度要求;另外,最大转位角速度跟踪误差可达到 6.42×10^{-4}°/s,说明控制方法在无法精确获取系统数学模型时,采用模糊逻辑系统对非线性函数和扰动量的逼近,可以使系统能很好地实现收敛,且可以达到较高的精度。模糊逻辑系统逼近非线性函数 f,g 和扰动项 h 的效果曲线如图 6.21~图 6.23 所示。

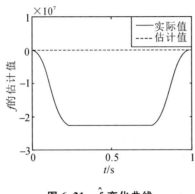

图 6.21　$\hat{f}$ 变化曲线

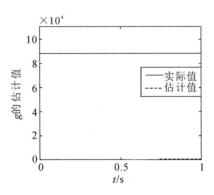

图 6.22　$\hat{g}$ 变化曲线

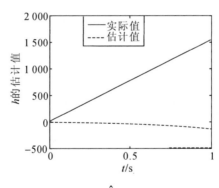

图 6.23　$\hat{h}$ 变化曲线

由图可看出模糊逻辑系统未能很好地逼近实际值,分析原因可能是模糊系统输入信息过于单调,同时也说明存在多个非线性函数的估计值能够使控制系统收敛。

为进一步分析该控制器下,系统参数摄动对控制效果影响,系统参数重新设置为 $r_a=5.75[1+0.05\sin(\pi t)]\Omega$；$J_m=0.8\times10^{-3}[1+0.05\sin(\pi t)](\text{kg}\cdot\text{m}^2)$；$B_v=1\times10^{-3}[1+0.05\sin(\pi t)]\text{Nm/A}$；$L_a=0.017[1+0.05\sin(\pi t)]\text{H}$；$k_e=0.7[1+0.05\sin(\pi t)]\text{V/(rad/s)}$；$k_T=1.2[1+0.05\sin(\pi t)]\text{Nm/A}$；其他参数不变。通过观察控制结果,可以发现转位角度跟踪和角速度跟踪精度几乎没有改变,但控制信号曲线在参数摄动前后发生了变化,如图 6.24 所示。

图可以看出,当系统参数存在摄动时,控制量出现一定的抖动,但这种抖动不同于滑模控制中的高频切换抖振。基于复杂切换模糊化自适应滑模控制方法较前两种模糊自适应滑模控制方法,进一步放宽了对系统模型的要求,在非线性函数 f、g 和扰动量 h 不确定的情况下仍能实现控制,且对参数的变化和外界干扰也不敏感,控制器具有较强的鲁棒性。

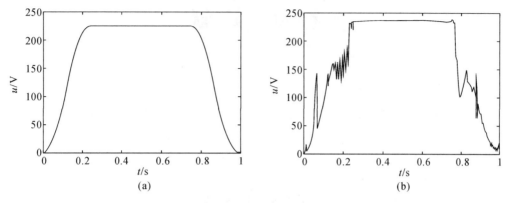

图 6.24　控制信号曲线

(a)未考虑参数摄动;(b)考虑参数摄动

6.6　本章小结

滑模控制对参数变化和扰动具有一定的鲁棒性,但控制信号中的高频抖振则限制了进一步的推广应用。因此,本章利用模糊控制来柔化滑模控制信号,在滑模控制中引入模糊控制,并简单介绍了模糊控制和滑模控制结合的基本方案,设计了 3 种模糊滑模控制方法用于转位过程控制:①利用模糊系统的逼近特性,设计模糊系统去逼近滑模的等效控制项,并用李亚普诺夫分析方法给出了自适应律,针对自适应参数难以确定的问题,用遗传算法对参数进行了优化,仿真结果证明该控制器有较好的跟踪控制精度;②利用模糊控制对切换增益进行模糊化,设计了一种模糊切换增益调节滑模控制器,仿真结果表明该方法有效减弱了系统抖振;③利用模糊推理系统逼近滑模切换项,考虑系统存在非线性函数未知情况,设计模糊系统对其进行逼近,设计了非奇异终端滑模面,改善系统控制性能,提出了一种复杂切换模糊化自适应非奇异终端滑模控制,仿真结果表明,该模糊自适应滑模控制方法有较好的控制性能,提高了控制器的鲁棒性和自适应性。

参 考 文 献

[1] 王骏骋，何仁. 电动车辆 ABS 的改进线性二次型最优控制[J]. 哈尔滨工业大学学报，2018，50(9)：108-115.

[2] 鲁忠沛. 基于 DSP 的无刷直流电机线性二次型最优 PID 控制算法研究[D]. 广州：华南理工大学，2017.

[3] 于程隆. 基于模型学习和线性二次型最优控制的机械臂控制器设计[D]. 哈尔滨：哈尔滨工业大学，2018.

[4] 王吉照. 伸缩臂高空作业车臂架变幅振动抑制研究[D]. 大连：大连理工大学，2016.

[5] 李晓林. 变转速液压泵控马达系统的恒转速控制研究[D]. 北京：北京理工大学，2014.

[6] 朱琦歆. 基于状态反馈和重复控制的液压驱动单元位置阻抗控制[D]. 秦皇岛：燕山大学，2018.

[7] MEDRANO C A，LETT R D，REES P. H-infinity motion control system for a 2 m telescope[J]. Proc. SPIE，2002，4836：88-97.

[8] 陈娟，郭劲. 现代靶场光电测量工程的发展现状[J]. 光机电信息，2002(1)：22-27.

[9] BUI T H，SUH J H，KIM S B，et al. Hybrid control of an active suspension system with full-car model using H_∞ and nonlinear adaptive control methods[J]. KSME International Journal，2002，16(12)：1613-1626.

[10] CHO T D，YANG S M. Robust control of hydraulically operated gimbal system[J]. Journal of Mechanical Science and Technology，2007，21(5)：755-763.

[11] TUNAY I，RODIN E Y，BECK A A. Modeling and robust control design for aircraft brake hydraulics[J]. IEEE Transactions on Control Systems Technology，2001，9(20)：319-329.

[12] 金哲. 高速电液比例控制系统 H_∞ 控制器的研究[D]. 成都：西南交通大学，2006.

[13] LU H C，LIN W C. Robust controller with disturbance rejection for hydraulic servo systems[J]. IEEE Transactions on Industrial Electronics，1993，40(1)：157-162.

[14] FISHER M，WILKES J D，AMOS C S. Control system developments for the Isaac Newton Group of telescopes[J]. Proc. SPIE，1995，2479：11-24.

[15] 何建民，孙德敏. LAMOST 望远镜跟踪伺服系统模型参考自适应控制仿真研究[C]. 青岛：中国控制会议//中国自动化学会控制理论专业委员会. 1996 年中国控制会议论文集. 1996：1288-1291.

[16] ALLEYNE A，HEDRICK J K. Nonlinear adaptive control of active suspensions [J].

IEEE Transactions on Control Systems Technology，1995，3(1)：94 - 101.

[17] YAO B，BU F P，REEDY J，et al. Adaptive robust motion control of single-rod hydraulic actuators：theory and experiments[J]. IEEE/ASME Transactions on Mechatronics，2000，5(1)：79 - 91.

[18] GARAGIC D，SRINIVASAN K. Application of nonlinear adaptive control techniques to an electro-hydraulic velocity servomechanism[J]. IEEE Transactions on Control System Technology，2004，12(2)：303 - 314.

[19] CHAI S，WANG L，ROGERS E. A cascade MPC control structure for a PMSM with speed ripple minimization [J]. IEEE Transactions on Industrial Electronics，2013，60(8)：2978 - 2987.

[20] 张永昌，杨海涛，魏香龙. 基于快速矢量选择的永磁同步电机模型预测控制[J]. 电工技术学报，2016，31(6)：66 - 73.

[21] CORTES P，KAZMIERKOWSKI M P，KENNEL R M. Predictive control in power electronics and drives [J]. IEEE Transactions on Industrial Electronics，2008，55(12)：4312 - 4324.

[22] GEYER T，PAPAFOTIOU G，MORARI M. Model predictive direct torque control-part I：concept，algorithm，and analysis[J]. IEEE Transactions on Industrial Electronics，2009，56(6)：1894 - 1905.

[23] YUAN H B，NA H C，KIM Y B. System identification and robust position control for electro-hydraulic servo system using hybrid model predictive control[J]. Journal of Vibration & Control，2018，28(18)：4145 - 4159.

[24] 熊志林，陶建峰，张峰榕. 采用状态估计的泵控非对称液压缸模型预测控制[J]. 西安交通大学学报，2017，51(4)：109 - 115.

[25] 郑德忠，王志勇，闫涛. 用误差预报校正的电液伺服系统预测控制的研究[J]. 液压与气动，2007(2)：27 - 30.

[26] 赵呈宝，潘英俊，任春华，等. 基于模糊自适应 PID 算法的寻北仪转位控制[J]. 压电与声光，2012，34(1)：51 - 55.

[27] 王昆明，郭晓松，周召发，等. 基于 PIDNN 的经纬仪精密转位技术研究[J]. 计算机测量与控制，2012，20(11)：3042 - 3047.

[28] RIVETTA C H，BRIEGEL C，CIARAPATA P. Motion control design of the SDSS 2.5 m telescope[J]. Proc. SPIE：Telescope Structures，Enclosures，Controls，Assembly/Integration/Validation，and Commissioning，2000(4) 212 - 221.

[29] RAHMAT M F. Application of self-tuning fuzzy PID controller on industrial hydraulic actuator using system identification approach[J]. International Journal on Smart Sensing and Intelligent Systems，2009，2(2)：246 - 261.

[30] ZHENG J M，ZHAO S D，WEI S G. Application of self-tuning fuzzy PID controller for a SRM direct drive volume control hydraulic press[J]. Control Engineering Practice，2009，17(12)：1398 - 1404.

[31] LIU G P, DALEY S. Optimal-turning PID control for industrial systems[J]. Control Engineering Practice, 2001, 9(11): 1185 – 1194.

[32] DAHUNSI O A, PEDRO J O, NYANDORO O T. System identification and neural network based PID control of servo-hydraulic vehicle suspension system[J]. SAIEE Africa Research Journal, 2010, 101(3): 93 – 105.

[33] 曹树平, 罗小辉, 张汉文, 等. 非线性电液位置伺服系统的迭代学习 PID 控制[J]. 机械科学与技术, 2008, 27(1): 19 – 22.

[34] ZHAI C L, WU Z M. Variable structure control method for discrete time systems [J]. Shanghai Transportation University College Journal, 2000, 34(5): 719 – 722.

[35] JIANG K, ZHANG J, CHEN Z. A new approach for the sliding mode control based on fuzzy reaching law[C]. World Congress on Intelligent Control and Automation. IEEE, 2002. DOI: 10.1109/WCICA 2002.1022194.

[36] 孙明轩, 范伟云, 王辉. 用于离散滑模重复控制的新型趋近律[J]. 自动化学报, 2011, 37(10): 1213 – 1221.

[37] WANG A, JIA X, DONG S. A new exponential reaching law of sliding mode control to improve performance of permanent magnet synchronous motor[J]. IEEE Transactions on Magnetics, 2013, 49(5): 2409 – 2412.

[38] CHEN X K, FUKUDA A, YOUNG D. Adaptive quasi-sliding-mode tracking control for discrete uncertain input-output systems[J]. IEEE Transactions on Industrial Electronics, 2001, 48(1): 216 – 224.

[39] CHEN M S, HWANG Y R, TOMIZUKA M. A state-dependent boundary layer design for sliding mode control[J]. IEEE Trans on Automatic Control, 2002, 47(10): 1677 – 1681.

[40] KACHROO P, TOMIZUKA M. Chattering reduction and error convergence in the sliding mode control of a class of nonlinear systems[J]. IEEE Trans on Automatic Control, 1996, 41(7): 1063 – 1068.

[41] 王长旭, 孟中, 韩松伟, 等. 基于卡尔曼滤波滑模控制的伺服系统设计仿真[J]. 光电工程, 2010, 37(2): 22 – 26.

[42] XIA Y Q, ZHU Z, LI C M, et al. Robust adaptive sliding mode control for uncertain discrete-time systems with time delay[J]. Journal of the Franklin Institute, 2010, 347(1): 339.

[43] FEI J T, BATUR C. A novel adaptive sliding mode control with application to MEMS gyroscopt[J]. ISA Transactions, 2009, 48(1): 73 – 78.

[44] DAORAS S, MOMENI H R. Adaptive sliding mode control of chaotic dynamical systems with application to synchronization[J]. Mathematics and Computers in Simulation, 2010, 80(12): 2245 – 2257.

[45] XIANG W CHEN F Q. An adaptive sliding mode control scheme for a class of chaotic systems with mismatched perturbations and input nonlinearities[J]. Commun Non-

linear Sci Numer Simulat, 2010, 16(1):1 - 9.

[46] MIRKIN B, GUTMAN P O, SHTESSEL Y. Coordinated decentralized sliding mode MRAC with control cost optimization for a class of nonlinear systems[J]. Journal of the Franklin Institute, 2012, 349(4): 1364 - 1379.

[47] HEERTJES M, VERSTAPPEN R. Self-tuning in integral sliding mode control with a Levenberg - Marquardt algorithm[J]. Mechatronics, 2014, 24(4): 385 - 393.

[48] SMAOUI M, BRUN X THOMASSET D. Systematic control of an electropnumatic system: integrator backstepping and sliding mode control[J]. IEEE Transactions on Control Systems Technology, 2006, 14(5): 905 - 913.

[49] LU C H, HWANG Y R, SHEN Y T. Backstepping sliding mode tracking control of a vane-type air motor X-Y table motion system[J]. ISA Transactions, 2011, 50(3): 278 - 286.

[50] HARB A M. Nonlinear chaos control in a permanent magnet reluctance machine[J]. Chaos, Solitons and Fractals, 2004, 19(5): 1217 - 1224.

[51] 孙勇, 章卫国, 章萌. 基于反步法的自适应滑模大机动飞行控制[J]. 控制与决策, 2011, 26(9): 1377 - 1381.

[52] 李俊, 徐德民. 不确定非线性系统的多模反演滑模控制[J]. 控制理论与应用, 2001, 18(5): 802 - 805.

[53] JIANG Y, HU Q L, MA G F. Adaptive backstepping fault-tolerant control for flexible spacecraftwith unknown bounded disturbances and actuator failures[J]. ISA Transactions, 2009, 49(1): 57 - 69.

[54] LIU L P, HAN Z Z, LI W L. Global sliding mode control and application in chaotic systems[J]. Nonlinear Dynamic, 2009, 56(1/2): 193 - 198.

[55] ZHAO D Z, LI C W, REN J. Speed synchronization of multiple induction motors with total sliding mode control[J]. Systems Engineering—Theory & Practice, 2009, 29(1): 110 - 117.

[56] 米阳, 李文林, 井元伟, 等. 线性多变量离散系统全程滑模变结构控制[J]. 控制与决策, 2003, 18(4): 460 - 464.

[57] 金鸿章, 高妍南, 潘立鑫, 等. 基于改进积分型变结构控制器的近水面机器人减摇鳍系统[J]. 控制与决策, 2011, 26(4): 633 - 636.

[58] CHOI H H. LMI-based sliding surface design for integral sliding mode control of mismatched uncertain systems[J]. IEEE Transactions of Automatic Control, 2007, 51(4): 736 - 742.

[59] WANG J D, LEE T L, JUANG Y T. New methods to design an integral variable structure controller[J]. IEEE Transactions on Automatic Control, 1996, 41(1): 140 - 143.

[60] ZAK M. Terminal attractors for aressable memory in neural network[J]. Physics Letter, 1988, 33(12): 18 - 22.

[61] YU X, MAN Z. Fast terminal sliding mode control design for nonlinear dynamical systems[J]. IEEE Transactions on Circuits and Systems—Ⅰ: Fundamental Theory and Applications, 2002, 49(2): 261-263.

[62] MADHAVAN S K, SINGH S N. Inverse trajectory control and zero-dynamics sensitivity of an elastic manipulator[J]. International Journal of Robots and Automation, 1991, 6(4): 179-191.

[63] FENG Y, YU X H, MAN H. Non-singular terminal sliding mode control of rigid manipulators[J]. Automatica, 2002, 38(2): 2159-2167.

[64] 杨勇, 文丹, 罗安, 等. 基于多目标优化的模糊滑模变结构控制及应用[J]. 中南大学学报, 2006, 37(6): 1149-1154.

[65] 解旭辉, 戴一帆, 李圣怡. 基于模糊滑模控制器的伺服跟踪控制研究[J]. 控制理论与应用, 2003, 20(6): 913-918.

[66] YOO B, HAM W. Adaptive fuzzy sliding mode control of nonlinear system[J]. IEEE Trans on Fuzzy Systems, 1998, 6(2): 315-321.

[67] 张金萍, 刘阔, 林剑峰, 等. 挖掘机的4自由度自适应模糊滑模控制[J]. 机械工程学报, 2010, 46(21): 87-92.

[68] 孟珺遐, 王渝, 王西彬. 高精度电液系统的模糊滑模控制仿真研究[J]. 电子科技大学学报, 2010, 39(3): 392-396.

[69] LI X Q, YURKOVICH S. Neural network based, discrete adaptive sliding mode control for idle speed regulation in IC engines[J]. Journal of Dynamic Systems, Measurement, and Control, 2000, 122(2): 269-275.

[70] 张袅娜, 张德江, 李兴广. 基于RBF神经网络的鲁棒滑模观测器设计[J]. 系统工程与电子技术, 2008, 30(12): 2455-2457.

[71] HUANG S J, HUANG K S, CHIOU K C. Development and application of a novel basis function sliding mode controller[J]. Mechatronics, 2003, 13(4): 313-329.

[72] LIN T C. Based on interval type-2 fuzzy-neural network direct adaptive sliding mode control for SISO nonlinear systems[J]. Commun Nonlinear Sci Numer Simulat, 2010, 15(12): 4084-4099.

[73] NIU Y G, LAM J, WANG X Y, et al. Neural adaptive sliding mode control for a class of nonlinear neural delay systems[J]. Journal of Dynamic Systems, Measurement, and Control, 2008, 130(6): 758-767.

[74] 朱瑛, 程明, 花为, 等. 基于滑模变结构模型参考自适应的电气无级变速器无传感器控制[J]. 电工技术学报, 2007, 1(5): 1355-1363.

[75] 李元春, 王蒙, 盛立辉, 等. 液压机械臂基于反演的自适应二阶滑模控制[J]. 吉林大学学报, 2015(1): 193-201.

[76] SONG Z K, SUN K B. Adaptive backstepping sliding mode control with fuzzy monitoring strategy for a kind of mechanical system[J]. ISA Transactions, 2014, 53(1): 125-133.

[77] 李华青,廖晓峰,黄宏宇. 基于神经网络和滑模控制的不确定混沌系统同步[J]. 物理学报,2011,24(3):74-79.

[78] NAGARALE R M, PATRE B M. Composite fuzzy sliding mode control of nonlinear singularly perturbed systems[J]. ISA Transactions,2014,53(3):679-689.

[79] 邹权,钱林方,徐亚栋. 链传动机械伺服系统的自适应模糊滑模控制[J]. 北京理工大学学报,2009,24(3):74-79.

[80] 胡强晖,胡勤丰. 全局滑模控制在永磁同步电机位置伺服中的应用[J]. 中国电机工程学报,2011,18(4):460-464.

[81] SUN T R, PEIHC, PAN Y P, et al. Neural network-based sliding mode adaptive control for robot manipulators[J]. Neurocomputing,2011,74(14):2377-2384.

[82] 宋佐时,易建强,赵冬斌,等. 基于神经网络的一类非线性系统自适应滑模控制[J]. 电机与控制学报,2005,13(4):313-329.

[83] 郭鸿浩,周波,左广杰,等. 无刷直流电机反电势自适应滑模观测[J]. 中国电机工程学报,2011,31(21):142-149.

[84] 朱俊杰,粟梅,王湘中,等. 分段式滑模变结构无刷直流电机直接转矩控制[J]. 仪器仪表学报,2013,34(11):2634-2640.

[85] 史婷娜,张茜,肖有文,等. 无刷直流电机反电势滑模观测及参数在线辨识[J]. 兵工学报,2013,34(6):739-747.

[86] 史婷娜,肖竹欣,肖有文,等. 基于改进型滑模观测器的无刷直流电机无位置传感器控制[J]. 中国电机工程学报,2014,12(2):1-6.

[87] SHA D H, BAJIC V B, YANG H Y. New model and sliding mode control of hydraulic elevator velocity tracking system[J]. Simulation Practice and Theory,2002,9(6/7/8):365-385.

[88] BONCHIS A,CORKE P I, RYE D C,et al. Variable structure methods in hydraulic servo systems control[J]. Automatica,2001,37(4):589-595.

[89] RAHMAT M F, HUSAIN A R, ISHAQUE K,et al. Modeling and controller design of an industrial hydraulic actuator system in the presence of friction and internal leakage[J]. International Journal of the Physical Sciences,2011,6(14):3502-3517.

[90] GHAZALI R, SAM Y M, RAHMAT M F. Sliding mode control with pid sliding surface of an electro-hydraulic servo system for position tracking control[J]. Australian Journal of Basic and Applied Sciences,2010,4(10):4749-4759.

[91] LIU Y, HANDROOS H. Technical note sliding mode control for a class of hydraulic position servo[J]. Mechatronics,1999,9(1):111-123.

[92] 管成,潘双夏. 含有非线性不确定参数的电液系统滑模自适应控制[J]. 控制理论与应用,2008,25(2):261-267.

[93] LI G, KHAJEPOUR A. Robust control of a hydraulically driven flexible arm using backstepping technique [J]. Journal of Sound and Vibration,2003,280(3):759-775.

[94] 方一鸣,焦宗夏,王文宾,等. 轧机液压伺服位置系统的自适应反步滑模控制[J]. 电机与控制学报,2011,15(10):95-100.

[95] 吴忠强,夏青. 基于奇异摄动理论的电液伺服系统 Backstepping 滑模自适应控制[J]. 振动与冲击,2012,31(11):154-157.

[96] 余愿,傅剑. 基于模糊滑模控制的液压位置伺服系统仿真[J]. 武汉理工大学学报,2010,32(2):210-212.

[97] CHIANG M H. A novel pitch control system for a wind turbine driven by a variable-speed pump-controlled hydraulic servo system[J]. Mechatronics,2011,21(4):753-761.

[98] 刘云峰,缪栋. 电液伺服系统的自适应模糊滑模控制研究[J]. 中国电机工程学报,2006,26(14):140-144.

[99] 陈刚,柴毅,丁宝苍,等. 电液位置伺服系统的多滑模神经网络控制[J]. 控制与决策,2009,24(2):221-225.

[100] 管成,潘双夏. 电液伺服系统的微分与积分滑模变结构控制[J]. 光电工程,2006,33(8):140-144.

[101] 管成,朱善安. 一类非线性系统的微分与积分滑模自适应控制及在电液伺服系统中的应用[J]. 中国电机工程学报,2005,25(4):103-108.

[102] 童朝南,武延坤,刘磊明,等. 液压活套多变量系统的建模及积分变结构控制[J]. 自动化学报,2008,34(10):1306-1311.

[103] 苗中华,刘成良,王旭永,等. 大摩擦力矩下电液伺服系统高精度控制与实验分析[J]. 上海交通大学学报,2008,42(10):1731-1735.

[104] YANADA H,SEKIKAWA Y. Modeling of dynamic behaviors of friction[J]. Mechatronics,2008,18(7):330-339.

[105] LANKARANI H M,NIKRAVESH P E. Continuous contact force models for impact analysis in multi-body systems[J]. Nonlinear Dynamics,1994,5(2):193-207.

[106] BARTOSZEWICZ A. Time-varying sliding modes for second-order systems[J]. IEE Proceedings—Control Theory and Applications,1996,143(5):455-462.

[107] LI S,LI K,WANG J,et al. Nonsingular and fast terminal sliding mode control method[J]. Information and Control,2009,389(1):1-8.

[108] LI S,LI K,WANG J,et al. Nonsingular fast terminal-sliding-mode control method and its application on vehicular following system[J]. Control Theory & Applications,2010,27(5):543-550.

[109] 张巍巍,王京. 基于指数趋近律的非奇异 Terminal 滑模控制[J]. 控制与决策,2012,27(6):909-913.

[110] MAN Z,YU X. Terminal sliding mode control of MIMO linear systems[J]. IEEE Transactions on Circuits and Systems—I:Fundamental Theory and Applications,1997,44(11):1065-1070.

[111] 韦巍,何衍. 智能控制基础[M]. 北京:清华大学出版社,2005.